生命大设计

重构

The Grand Biocentric Design

How Life Creates Reality

[美] 罗伯特·兰札（Robert Lanza）

[斯洛文尼亚] 马泰·帕夫希奇（Matej Pavšič）　　◎著

[美] 鲍勃·伯曼（Bob Berman）

杨　泓　　　　　　　　　　　　　　　　◎译

殷　雄　　　　　　　　　　　　　　　　◎专业审订

中国科学技术出版社

·北　京·

本书中文简体字版通过 **Grand China Happy Cultural Communications Ltd**（深圳市中资海派文化传播有限公司）授权中国科学技术出版社在中国大陆地区出版并独家发行。未经出版者书面许可，不得以任何方式抄袭、节录或翻印本书的任何部分。

北京市版权局著作权合同登记　图字：01-2023-5712

图书在版编目（CIP）数据

生命大设计.重构/（美）罗伯特·兰札

(Robert Lanza),（斯洛文）马泰·帕夫希奇,（美）鲍

勃·伯曼 (Bob Berman) 著；杨泓译 .-- 北京：中国

科学技术出版社，2024.5

书名原文：The Grand Biocentric Design：How

Life Creates Reality

ISBN 978-7-5236-0438-0

Ⅰ.①生… Ⅱ.①罗… ②马… ③鲍… ④杨… Ⅲ.

①生命科学－普及读物 Ⅳ.① Q1-0

中国国家版本馆 CIP 数据核字 (2024) 第 041468 号

执行策划	黄　河　桂　林	
责任编辑	申永刚	
策划编辑	申永刚　陆存月	
特约编辑	汤礼谦　钟　可	
封面设计	东合社·安宁	
版式设计	王永锋	
责任印制	李晓霖	

出　　版	中国科学技术出版社
发　　行	中国科学技术出版社有限公司发行部
地　　址	北京市海淀区中关村南大街 16 号
邮　　编	100081
发行电话	010-62173865
传　　真	010-62173081
网　　址	http://www.cspbooks.com.cn

开　　本	787mm×1092mm　1/16
字　　数	206 千字
印　　张	14
版　　次	2024 年 5 月第 1 版
印　　次	2024 年 5 月第 1 次印刷
印　　刷	深圳市精彩印联合印务有限公司
书　　号	ISBN 978-7-5236-0438-0/ Q·266
定　　价	68.00 元

哥白尼把人类从宇宙中心赶下了台。量子理论是否表明，在某种神秘的意义上，我们才是宇宙的中心？

布鲁斯·罗森布鲁姆（Bruce Rosenblum）和
弗雷德·库特纳（Fred Kuttner），《量子之谜》（*Quantum Enigm*）

在最终的思考中，我们自己是我们所要解决的谜团的一部分。

马克斯·普朗克（Max Planck）
1918 年诺贝尔奖获得者

意识不能用物理术语来解释，因为意识绝对是基本的。

埃尔温·薛定谔（Erwin Schrödinger）
1933 年诺贝尔奖获得者

今天的当代科学，比以往任何时候都更受自然本身所逼迫，再次提出了通过心理过程理解现实的可能性问题。

沃纳·海森堡（Werner Heisenberg）
1932 年诺贝尔奖获得者

我们不仅是观察者，也是参与者。

约翰·惠勒（John Wheeler）
美国物理学家

测量某物时，我们正在迫使一个不确定、未定义的世界呈现一个实验值。我们不是在"测量"世界，而是在创造世界。

尼尔斯·玻尔（Niels Bohr）
1922 年诺贝尔奖获得者

意识的内容是终极现实，这正是对外部世界研究导致的结论。

尤金·维格纳（Eugene Wigner）
1963 年诺贝尔奖获得者

没有办法把观察者从我们对世界的感知中移除……过去和未来一样，是不确定的，只存在于一系列可能性中。

斯蒂芬·霍金（Stephen Hawking）

现代物理学中一些最伟大的科学家，包括量子力学的创始人普朗克、薛定谔、海森堡和玻尔，已经对宇宙的生物中心性质有间接表达。

生命大设计

—— 重构 ——

THE GRAND
BIOCENTRIC DESIGN

陷入无解困境的现代科学

从各个方面来看，当前的科学模式常常会陷入无解的困局，即便得出了结论，基本上也是非理性的。自第一次和第二次世界大战以来，科学发现迎来了前所未有的大爆发。这些发现表明，我们有必要从根本上改变科学看待世界的方式。当我们的世界观遭到事实的反驳时，旧模式就将被一种新的以生物为中心的模式取代。在此模式中，生命并不是宇宙的产物，宇宙才是生命的产物。

改变最基本的信念必然会受到阻力。对此我并不陌生，因为我一生都在与新思维方式对抗。小时候，我特别想成为一名科学家，晚上躺在床上还没睡着的时候，就时常幻想能通过显微镜观察到种种奇迹，但骨感的现实似乎决意要打碎我的梦想。刚上小学一年级时，学校就根据所谓的"潜力"，将学生分为 ABC 三个班。我们家刚从波士顿最落后的地区之一——罗克斯伯里（Roxbury）搬到郊区（后来因为城市重建，罗克斯伯里被夷为平地）。

我的父亲是一名职业赌徒，靠打牌为生，所以，大家认为我们家的人都不是搞学术的料。事实上，我的三个姊妹后来都是读到高中就辍学了，我也被安排到了 C 班。C 班的学生将来注定要从事体力劳动或手工劳动的。这个班里净是些留级生，有的学生还会向老师扔吐唾沫的纸团。

我最好的朋友在 A 班。五年级时候的某一天，我问这位好朋友的妈妈："你觉得我能成为科学家吗？如果努力学习，我能成为博士吗？"

"天哪！"她不无吃惊地说，她从没见过哪个 C 班的学生成了博士，但她相信我会成为出色的木匠或水管工。

第二天，我决定参加科学展览会，这样我就可以和 A 班的那位好朋友直接对决了。好朋友做的是岩石项目，为此，他的父母曾带他到博物馆做研究，他确实也做出了令人称奇的标本。而我的项目——动物，则是由我在各种旅行中搜集到的纪念品——昆虫、羽毛和鸟蛋组成的。

早在那个时候，我就坚信生物才是最值得研究的科学对象，而不是惰性物质和岩石。这完全颠覆了教科书中的知识层级，即物理学连同它的力和原子构成了世界的基础，因此它是理解世界的关键，其次是化学，最后才是生物学和生命。结果，我这个来自 C 班的低等生，获得了仅次于我最好朋友的名次——第二名。

参加科学展览项目，成了我向那些因家庭环境而给我贴标签的人展示自己的一种方式。我相信可以通过努力改善自己的处境。上高中时，我曾雄心勃勃地尝试用核蛋白改变白鸡的基因组，试图把它们变成黑鸡。那可是在基因工程时代到来之前的事情。我的生物老师说不可能；我的化学老师则直截了当地说："兰札，你会下地狱的。"

在科学展览会之前，一位同学说我会获奖。"哈哈哈！"全班同学都笑了起来。但这次还真让他猜中了。

有一次，我姐姐被停学，校长对我妈妈说"你是个不称职的妈妈"。但我的项目获奖后，那位校长又不得不当着全校师生的面向我的母亲表示祝贺。

我确实成了一名科学家。在我的科学生涯中，我不断与新想法对抗：能在不破坏胚胎的情况下生成干细胞吗？能用一个物种的卵克隆另一个物种吗？能否将亚原子层面的发现"放大"，从而发现一些关于生命和意识的信息？科学家接受过质疑的训练，也接受过谨慎和理性的训练；他们的探索通常指向渐进式变革，而不是颠覆性改变。毕竟，科学家与其他人没有什么区别。人类的祖先是从森林顶层进化来的，靠采食水果等为生，同时要学会躲避捕食者，因为活得足够长才可以繁衍生息并进化。毫无疑问，这套生活技能并不能让我们完美地理解世界存在的本质。

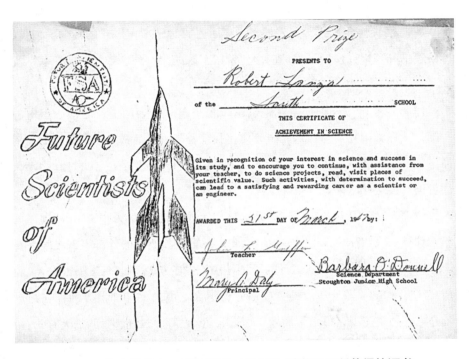

图 0.1　作者兰札在 C 班时做的"动物"科学项目所获得的证书

注：该证书是由兰札后来上初中时的科学老师芭芭拉·奥唐奈（Barbara O'Donnell）和其他老师共同签署的。她是兰札科学之路的引路人。除此之外，在50年的职业生涯中，她还担任过其他数百名学生的科学老师或指导顾问。《生命大设计.创生》（*Biocentrism*）就是献给她90岁生日的礼物。

爱因斯坦说："我这漫长的一辈子只学到了一件事，我们全部的科学，与现实相比，都是原始的、孩子般的——但这种简洁却是我们拥有的最宝贵的东西。"科学必须选用人类大脑能够理解的简单概念，回答那些古老问题的关键在科学的边界之外，那些问题自文明开始之前就一直困扰着我们。

一场漫长的冒险之旅

本书也许可以从此处开始，但这不是我们故事的开头。

因为我们已步入一场漫长且充满冒险的旅程。就像是电影早就开始了，片头字幕已经放完很久之后，我们才坐下来观看那样。

我们很快就会看到，文艺复兴见证了人类理解宇宙方式的转变。但是，即使迷信和恐惧在慢慢失去控制力，残留下来的固有观念依然将两个基本实体（观察者与自然）明确区分了开来。

作为观察者，人类依附在地球这个藐小星球的表面上，而构成宇宙的广阔自然领域则几乎与我们完全分离。观察者与自然是两个从全部细节上都泾渭分明的实体，这种观点已经渗透了科学思想。即便是在 21 世纪的今天，读者仍然会这样认为。

然而，与之相反的观点并不鲜见。比如佛教、道教都认为宇宙"一切即一"。东方神秘主义①者和哲学家本能地认为，观察者和所谓的外部宇宙之间存在统一性。他们始终认为这二者的区别是虚幻的。包括贝克莱（Berkeley）和斯宾诺莎（Spinoza）在内的一些西方哲学家，也向"外部世界的存在与意识分离"的主流观点提出了挑战。尽管如此，秉持"二分法"的仍大有人在，尤其是在科学界。

但一个世纪前，特立独行的少数派获得了莫大的支持——量子理论的一些创始人，如著名的埃尔温·薛定谔和尼尔斯·玻尔，都得出结论：任何对现实的真正理解，核心都是意识。他们都是通过高等数学得出这一结论的，也因此成为一个世纪后为生物中心主义奠定基础的先驱。

今天，量子世界的奇特现象，如纠缠态，已经让曾经的少数派逐渐成为主流。如果生命和意识确实是其他一切事物的核心，那么科学中无数令人费解的异常现象就会迎刃而解。像著名的"双缝实验"的结果就毫无意义，除非观察者的存在与实验结果密切纠缠在一起。我们生活的这个世界上，有数

---

① 东方神秘主义是指印度教、佛教和道教的宗教哲学。——译者注

百个物理常数，比如引力强度，又如支配着每个原子电键的被称为"阿尔法"的电磁力，所有的这些常数在整个宇宙中都是不会改变的。而且正是这些数值的"一成不变"，使得生命能够存在。这可能只是惊人的巧合，但最简单的解释是：宇宙的定律和条件允许观察者存在，是因为定律和条件都来自观察者。

之前出版的两本关于生物中心主义的书中，已经讲述了部分相关内容。相信许多读者已经读过了，或许你会觉得没有必要再出第三本。但本书会以全新的方式概述生物中心主义，并进一步对其进行扩展。

《生命大设计》系列的前两本书，叙述了为什么如果自然和观察者纠缠在一起，或相互关联的话，一切将更有意义。为了论证这点，我们使用了广泛的"工具"：科学、基本逻辑、几个世纪以来一些伟大思想家的真知灼见。这两本书已被翻译成20多种语言，在世界各地出版，取得了巨大的成功。这足以说明，我们解释和强化结论的多管齐下的方法，既有说服力，又很受欢迎。现在，一些有科学头脑的读者仍想要了解更多。

在其中一些读者看来，生物中心主义关于意识的结论超出了科学理论的范畴，也就是说在科学上属于可疑、尚不成熟的东西。这样的评论让我们暂时停下了脚步。

我们得之不易的结论，虽然基本上是严密的逻辑和硬科学的产物，但是否仍然只是对实验和观察结果的"哲学"解释呢？把生物中心主义归到哲学而不是科学，是否更恰当？我们当然不这么认为。不过我们承认，如果仅凭物理学就能够证实生物中心主义，那就太好了。

再者，前两本书出版以来，新的研究成果提供了比以往任何时候都更有说服力的论据，而在生物中心宇宙实际运作方式方面，以前模糊的问题也得到了更清晰的解释。随着理解程度的加深，我们已经能够完善我们的理论，并以此为基础，发现新的核心原则，这些原则需要被纳入所有对生物中心主义的完整诠释中。是时候对支配宇宙的生物中心主义设计进行全新的审视了。

这就是写本书的原因。我们希望本书对普通大众来说也是一次有趣的探索。毕竟，书中回答的都是大家最为关心的一些基本问题：关于生与死，关于世界的运作方式，关于我们为什么存在。

前面两本书中已经做过详细介绍的一些内容，如双缝实验，本书不再做冗长的讨论。但一些令人震惊的物理学发现，诸如空间和时间以及物质结合的方式，则另当别论，因为这些发现都不可避免地得出了离奇但震撼现实的结论：宇宙的基本结构需要观察者。许多物理学家将观察者定义为一般性宏观物体，但我们都相信观察者一定是有意识的。后面我们会更多地探讨这是为什么以及意味着什么。

新模式开启的绚烂一幕

随着论述的展开，我们将看到牛顿定律不仅决定了物体是如何运动的，还决定了物体是怎样改变运动方式的。这为平行宇宙理论带来了一缕微风，并为量子理论做好了铺垫。

我们将回顾这一理论的兴起，以及一种奇异量子行为的发现。这一发现挑战了外部世界独立于可感知主体存在的观点。从古至今，无数人为此争论不休，无论是柏拉图这样的哲学家，还是霍金这样的物理学家。诺贝尔物理学奖得主、伟大的科学家玻尔曾说过："我们不是在测量世界，而是正在创造世界。"我们将深入探讨这句话的深刻含义。

我们会捋顺大脑产生时空体验的逻辑，并洞察意识如何产生，探索大脑中那些量子纠缠的区域。这些区域共同构成了我们与单一的"我"的感觉相关联的系统。我们有史以来第一次解释了所经历的时间的出现所涉及的整个机制——从量子层面（在量子层面上，一切仍处于叠加态）到大脑神经回路中发生的宏观事件。在此过程中，我们将看到突破光速限制的信息如何表明思想与物质以及世界是统一的。

我们逐渐认识到生命是一种超越常识理解的奇遇，也会随之得到有关死亡的暗示。我们将探讨被称为"量子自杀"的扭曲思想实验。这个实验可以解释为什么我们会在这个世界上（尽管存在着巨大的偶然性）以及为什么死亡不具备真正的现实性。我们将看到生命具有非线性维度，就像一朵宿根花，永远盛开着。

在整本书中，我们会发现无数常识性假设发生了翻天覆地的变化。例如，已故理论物理学家斯蒂芬·霍金说："宇宙的历史取决于被测量的是什么，这与宇宙具有客观的、独立于观察者的历史的常规观点相反。"虽然在经典物理学中，"过去"被认为是一系列不可改变的事件，但量子物理学遵循一套不同的规则，正如霍金所说，"过去和未来一样，是不确定的，作为一系列可能性而存在"。

在我们讨论时，我们将体会到物理学家们长达一个世纪的挫败感，它们源于这样一些事实：量子力学是秉着"一套不同的规则"而存在的。毕竟要理解万有引力，我们就需要找到一种方法来调和爱因斯坦的广义相对论。广义相对论准确地描述了宏观、大尺度的宇宙，有与支配微观量子领域完全不同的规则。为什么二者就不能相融呢？现在，本书已在这个问题上取得了突破，这可是物理学上的终极问题之一。

在本书最后的几章中，我们会讨论这个突破。你将会读到一篇惊人的文章，是由本书作者之一兰札和哈佛的理论物理学家德米特里·波多尔斯基（Dmitriy Podolskiy）共同撰写，解释了时间是如何直接从观察者中产生的。我们将了解到，时间并不存在于"外面"，不是像我们一贯假设的那样，嘀嗒嘀嗒地从过去走向未来。恰恰相反，时间具有涌现属性，就像快速生长的竹子一样。时间的存在取决于观察者保存所历事件信息的能力。在生物中心主义的世界，"无脑"的观察者是无法感受到时间的，对于没有意识的观察者来说，时间在任何意义上都不存在。

当然，本书不仅想在最后几章中呈现惊人的发现，也不仅想为"没有观察者，就没有时间，没有现实，也没有任何形式的存在"的观点呈现令人目瞪口呆的充分科学证据，我们还想呈现一场令人敬畏、激发灵感的冒险之旅，让它揭示宇宙的运作方式和我们在其中的地位。

所以，当旧模式被新模式摧枯拉朽般取代时，敬请期待最后绚烂的一幕吧。而且观看这个惊人故事的展开本身就是一段旅程，是一种奖励，处处充满惊喜。

现在，就让这场旅程从我们最意想不到的地方开始，从我们熟悉的，但仍令人费解的、简单的日常意识领域开始。

目录

第 1 章 | **更进一步拓展科学的边界 1**

地球是平的？ 2

踏入未知领域，破解意识难题 4

第 2 章 | **牛顿的苹果与平行世界 11**

牛顿理论为量子力学奠定基础 11

向虚无空间扔出的石头会怎样运动？ 17

第 3 章 | **量子力学改写世界规则 21**

量子理论的第一个里程碑 23

鬼魅般的超距作用 27

微观世界和宏观世界的交汇处在哪？ 31

第 4 章 | **波函数：如何描述量子世界？ 35**

观察者怎样创造现实？ 35

一切皆有可能的双缝实验 38

由多元世界构成的现实 42

I

第 5 章 | **再见了，实在论 47**

量子力学的出现使物理学家尴尬 **47**

ERP 三人组为经典物理学辩护 **50**

"缸中之脑"：全息宇宙论 **53**

第 6 章 | **人类存在的最基本方面 57**

参与式宇宙：观察者定义现实 **58**

薛定谔的猫：科学史上最著名的思想实验 **60**

争论不休的意识难题 **63**

第 7 章 | **意识是如何运作的？ 67**

视觉体验与意识感知的关联 **67**

同一个大脑，不同的"我" **70**

无法用"第一人称体验"解释意识 **73**

第 8 章 | **重温利贝特的自由意志实验 79**

大脑之谜：人类没有自由意志？ **80**

意识的自我意志选择 **82**

处于叠加态的大脑 **85**

第 9 章 | **动物的意识 87**

与人类截然不同的感官体验 **88**

倒下的树木并不能发出声音？ **92**

"我"的体验：意识在大脑中的体现 **94**

第 10 章　　**我们为何存在？ 99**

量子自杀实验与死亡的不可能性　99

没有意识，宇宙便不存在　105

你死去的时候，会是什么样的呢？　107

第 11 章　　**时间之箭　111**

爱因斯坦的"块宇宙"　112

观察者创造了时间　113

遍及宇宙发展进程的熵　116

为什么我们会不断变老？　117

第 12 章　　**在永恒的宇宙中旅行　121**

我们有希望回到过去吗？　122

"祖父悖论"：无法被改变的过去　124

朝未来的时间旅行有望实现　125

第 13 章　　**自然之力　129**

时空的幻觉体验　130

"能量的背后一定隐藏着什么东西"　133

膨胀多元宇宙的算法　136

第 14 章　　**量子力学与广义相对论　141**

经典科学无能为力的问题　141

惠勒的"量子泡沫"　145

观察者如何影响物理现实？　147

物理学不可避免地指向一个结论　150

第 15 章　　**梦与多维现实**　153

三维现实与梦之谜　153

大脑创造出多维现实　155

当蝙蝠是什么感觉？　157

第 16 章　　**物理中心主义世界观的颠覆**　161

渺小逐渐走上正轨　162

基本物理参数不可能是纯粹的巧合　164

生物中心主义的未来影响　167

附　　录　　**问题和批评**　171

作者简介　183

延伸阅读　193

本书赞誉　195

致　　谢　199

　　　　　　致艾略特·斯泰勒——最关心我的人　200

后　　记　　**致最关心我的人**　201

IV

第 1 章
更进一步拓展科学的边界

我们全都是早期被灌输思想的囚徒，因为要摆脱早期的训练是很难的，几乎是不可能的。

罗伯特·海因莱因（Robert Heinlein）
《异乡异客》（*Stranger in a Strange Land*）

现在是科学的危险时代，也是科学的兴奋时代。

说其危险，是因为在许多国家，反科学的暗流可能会冲淡其过去几十年取得的惊人进步；说其兴奋，是因为其最深层次的一些问题终于得到了解答，我们人类最紧迫的问题也即将得到解决。

今天的世界与 20 世纪 70 年代中期的相比，最显著的变化要数科学的进步了。那时候，我们还没有冒险飞跃火星的太空探测器，也没有清晰的关于"夸克组成原子核"的知识，没有互联网。我们中的一些人才刚开始学习科学。

那个时候，新车的平均售价为 3 700 美元，一座典型的美式住宅售价为 35 000 美元。

从那时到现在，科学一直在改变人类的生活：基因工程养活了大量人口，解决了全球人口可持续发展的难题；心脏手术变得稀松平常；人类的平均寿命得以延长到 80 多岁。

而本书的写作初衷，旨在进一步拓展科学的边界。

地球是平的？

美国国家科学基金会（National Science Foundation）一直在追踪调查公众的科学意识水平，2019 年发布了他们关于基础科学知识的年度调查报告，结果并不乐观。该调查包括 9 道判断题。例如，地心非常热，所有的放射性都是人造的，电子比原子小[①]，等等。在过去的 40 年里，公众在这项测试中的表现没有太大变化，正确率仅为 60%。

比公众的科学素养更令人不安的或许是公众批判性思维的缺乏，调查显示：少数人相信各种阴谋论。例如，7% 的美国人认为阿波罗登月是一场骗局。就在 2018 年，网络上疯传"地球是平的"，而且称从太空拍摄的地球照片是伪造的。

可悲的是，相信这些论调的人并不罕见。这些无稽之谈不需要动用深奥、复杂的科学知识来反驳，只需最基本的常识就可以辨别。比如，"地球是否是平的"这个问题，只要让两个分别住在美国东、西海岸的朋友打一通电话就可以解决，因为加利福尼亚州的人看到太阳出现在半空中的同时，佛蒙特州的人看到的太阳正在地平线上。仅此一项就能证明地球不可能是平的。

这本书不适合无视证据的人，比如"地平论者"。本书适合那些能够接受基于观察和实验得到的重大发现的读者，因为这就是生物中心主义采用的研究方法。虽然我们最终关注的是生命的基本方面，但这些方面在以前看来是令人绝望的神秘，并且在科学上无法解释。

迷信有时会引发对科学进步的残酷镇压，比如伽利略的下场，但好在经过这样的几个世纪之后，现代世界的大多数人终于将科学视为自然知识最可靠的来源。作为红利，我们有了很多先进设备和技术，如 GPS（Global Position System，全球定位系统），有的技术能在寒冷的一月份为我们提供西红柿之类反季节的蔬菜。

此外，有史以来在探寻真理方面最有效的工具，正是科学方法本身。因

---

① 如果你还没忘记中学知识，那你会知道答案是对、错、对。

为科学的研究方法强调人们须秉持怀疑态度，多观察，多测试，并毫不留情打击伪科学者。任何提出新主张的人，都必须拿出确凿的证据。

路易斯·阿尔瓦雷斯（Luis Alvarez）和沃尔特·阿尔瓦雷斯（Walter Alvarez）父子正是这样做的。他们声称是陨石的撞击导致了地球上恐龙的灭绝，证据是 6 600 万年前形成的全球铱沉积层，因为铱在地球上储量极少，但在陨石尘含量丰富。阿尔瓦雷斯父子由此声名大振，也激励了其他研究人员尝试"驳倒"他们，以博取自己的声誉。如此，科学为对立观点和怀疑分析提供了源源不断的动力，也就是说，科学可以进行自我调适。

不幸的是，正如我们在引言中所讨论的那样，科学家也是人，科学也有其自身的惯性。这就是为什么真正的新思想会长久得不到重视的原因，新思想往往会被忽视数十年甚至数百年。早在 1912 年，德国气象学家阿尔弗雷德·魏格纳（Alfred Wegener）就提出了大陆漂移学说，但直到 20 世纪 50 年代，该理论仍被广泛否定。

后来理论得到认可，所有人才看到各大陆边界像拼图一样相互吻合。这表明它们曾经都是现在称为"泛大陆"（Pangaea）的超级大陆的一部分，还解释了诸如大洋中部海底扩张、北美东部的岩石与爱尔兰的岩石非常相似等奇特现象。该学说也让人们弄清楚了为什么太平洋沿岸的"火山带"总是频繁火山爆发和地震。简而言之，我们对地球地壳像漂浮物一样漂浮在熔融岩浆上，并且每年移动 1 到 4 英寸[①]的新认识，一次性解决了许多谜团。只是得到这种认识，我们花去了几十年的时间。

还有一些阻碍科学车轮滚滚向前的成见，源于人们对大自然的司空见惯。一些自然事物和现象是如此普通，人们早已习惯了它们的存在。这种熟悉阻碍了人们将其作为研究对象进行研究。它们太普通了，根本无法引起人们的注意。就像直到美国独立战争之后，人们才认识到空气是由多种不同气体组成的。空气是混合物的说法，你翻遍古希腊甚至是文艺复兴早期那些充满好奇心的天才的著作，都是找不到的。

---

① 1 英寸等于 2.54 厘米。——编者注

我们今天谈论意识，大概就与古人谈论空气一样。一切所见、所闻、所思及所忆，都是人类意识的体现。这一事实意味着我们对意识也是过于熟悉，以致常常忽视其存在。"意识"就像放映电影时的幕布。我们坐在电影院里时，放映机将那些变换的色彩和闪烁的光线投射在幕布上，我们的注意力不由自主地被电影的情境吸引。我们去辨识演员的面部表情，或去理解音轨中编码的语言所传达的含义……却忽视了那些"真实的东西"，就好像幕布根本不存在一样。

但是这个类比的作用也仅此而已。就电影幕布而言，反光材料制成的幕布并非无可替代，其他的平面，比如白墙，也可以起到同样的作用。但意识却另当别论。意识的存在、感知的存在，不仅是人们了解已知世界并试图了解未知世界的基础，而且无论是在事实上还是在起源上，都非常奇特。

因为知识是科学的必要条件，而感知是获取知识的唯一途径，因此意识与任何神经方法或神经子系统相比，都更应该是我们理解的基础。毕竟，人类意识如果存在根本的偏见或怪癖，就会影响所见和所学的一切。所以在继续研究更多的信息获取方法之前，我们想知道有关意识的所有事情，无论是颜色、声音的分类，还是生命形式的分类。意识是计算机的根目录，比硬盘驱动器更重要。在这个类比中，意识更像是电流。

此外，20世纪20年代后的实验已经明确表明，只要观察者存在，就会改变观察结果。这个无论在过去还是现在，都被视为另类或麻烦的现象有力地表明，我们与所见、所闻和所思考的事物并不是分离的。相反，自然和观察者是某种不可分割的整体。这个简洁的结论正是生物中心主义的核心。

踏入未知领域，破解意识难题

但这个整体是什么？没人知道。我们对意识的研究仅停留在表面，"意识"在很大程度上仍然是个谜。"意识＋自然"的混合物同样神秘莫测，或者说是有过之而无不及。所谓"研究停留在表面"，是指神经科学在很多方面已经取得了令人瞩目的进展，比如确定大脑控制感觉和运动功能的区域，探索复杂的神经元网络编码概念等，但在解决诸如"意识最初是如何从物质中产生的"这种深层基础问题，即所谓的"意识难题"方面少有作为。也许不应该去指责那些研究人员，因为要解决这些基本问题真的极度困难，根本无法用常规的科学工具阐明。你如何设计实验，才能获取这种最主观现象的客观信息呢？

当遇到逻辑解释不通，也不可实验重现的自然现象时，科学界有个既定的传统，那就是忽略。这确实是较为恰当的做法，毕竟没人希望研究人员只是提出一堆毫无根据的猜测。冠冕堂皇地保持沉默虽然无济于事，但不失体面。正因如此，"意识"这个词在科学典籍或文献中就显得不大协调，虽然我们会看到量子力学领域中许多大名鼎鼎的人物都视意识为理解宇宙的核心。并且，这还是在科学家们对意识的作用有了一点新认识之前。而这种新认识就是，意识不仅揭示了我们所观察到的东西，还创造了它们。

人类，可能也包括非人类动物的意识是如何在自然界中实现如此意想不到但又极为关键的功能的？这是本书的主要关注点。因此我们将在多个章节中探讨意识问题，包括跟踪各个学科，确定生物的"观察-行为"过程方面取得的进展，并观察看似无生命的自然如何与生命体的意识相互作用，以及生命意识与神经结构的复杂相关。最近，就关键的"意识／观察时刻究竟打开了什么？"这个问题，兰札博士与理论物理学家德米特里·波多尔斯基合作取得了新发现，并已发表。这个意外的重大发现，连同本书中讨论到的其他科学发现表明，有必要进行一场哥白尼式的革命①。

公众通常在三个主要方面寻求科学的帮助或回答，他们的需求几乎不会随着时间发生改变。第一方面，自然是"对我有什么好处？"：人们希望科学能治疗疾病，能弥补视力或听力缺陷，能提供可靠的飞机等运输工具

---

① 在可能是文艺复兴时期最伟大的成功公关中，尼古拉·哥白尼（Nicolaus Copernicus）赢得了永久的、无人怀疑的赞誉。他因为是所谓的"第一个"声称地球围绕太阳转的人，被誉为日心说的创始人。但事实上，首先发现这一点的另有其人——萨摩斯的阿利斯塔克（Aristarchus）。早在哥白尼之前大约 1800 年，阿利斯塔克就发现了这一点。但奇怪的是，他的贡献并未得到承认。

以及手机等负担得起的个人用品。

第二方面，人们会直截了当地问一些关于世界的问题，比如关于火星生命、黑洞、恐龙等的新进展。当今时代，报纸、电子媒体和社交媒体会追踪公众的兴趣，研究人员以及政府资助往往也会对公众的兴趣做出回应。2018年，最受关注的科学探索是寻找系外行星，尤其是围绕其他恒星运行的类地行星。人们也关注成功找到长期寻找的基本亚原子粒子——希格斯玻色子，以及为各种癌症提供新疗法这个老话题。

第三方面，陷入"意识＋自然"沼泽是大众科学这方面的一部分，但最好将其描述为"其他一切"。尽管技术极客和许多见多识广的科学爱好者早就知道，量子力学和其他研究领域越来越多地指向我们与所谓的外部、无知觉的宇宙之间的基本联系，但涉足这片沼泽地只是极少数科学家要做的事情。绝大多数科学探究都只在定义明确的研究领域中寻找"缺失的部分"。

寻找希格斯玻色子如此，寻找外星生命和治疗常见疾病的方法亦如此。在大多数科学研究中，这些问题本身就很容易被界定出来，如果找到答案，也就很容易地说明了成就。而意识是一个更棘手的话题，许多人问的第一个问题就证明了这一点：你所说的意识是什么意思？为了研究某事某物，下定义似乎是必要的第一步，但对于"意识"来说，下定义就已经是一个颇有争议的话题了。因而，大多数读者会发现，"意识＋自然"话题与主流大众媒体上常见的公众关心的科学话题大相径庭。

研究意识需要离开已知的世界。研究意识与自然之间的关系需要冒险深入未知领域。简而言之，受邀加入我们行列的读者，需要摒弃科学中的糟粕和成见，防止被已有知识、经验所束缚，以便探求人类在宇宙中的地位的惊人真相。

我们将看到，科学总是以各种方式，指向对宇宙的生物中心解释。正如第一本书《生命大设计．创生》阐述的那样，我们根据这一证据得出了一套七项原则，涵盖了这种以生物为中心的现实理论。

生物中心主义的原则

生物中心主义第一原则：我们所感知的现实是一个涉及我们意识的过程。"外部"现实如果存在的话，根据定义，必须存在于空间的框架中。但空间和时间不是绝对的现实，而是人类和动物思维的工具。

不管你是否相信有一个"真实的外部世界"存在，众多实验都表明，物质的特性，即时空本身的结构取决于观察者，尤其是意识。

生物中心主义第二原则：我们的外部感知和内部感知密不可分。外部感知和内部感知是同一枚硬币的两面，彼此不能分离。

除了量子理论的实验发现外，基础生物学也清楚地表明，"外部世界"实际上是一种结构，是大脑中发生的神经电活动的漩涡。

生物中心主义第三原则：所有粒子和物体的行为与观察者的存在密不可分。如果没有有意识的观察者，它们至多只能以概率波的不确定状态存在。

一个世纪前发现此点的物理学家对此感到非常震惊。实验一再表明，粒子出现的方式和位置，严格取决于它们是否被观察以及被观察的方式。

生物中心主义第四原则：没有意识，"物质"处于不确定的概率状态。任何可能先于意识的宇宙都只存在于概率状态中。

量子力学能够一致而准确地预测物质基本粒子如何出现，以及在何处出现。惊奇的是，在观测之前，它们同时存在于所有可能的地方，处于一种模糊的概率状态，物理学家称之为"未坍缩波函数"。

生物中心主义第五原则：宇宙的精密安排只能通过生物中心主义来解释，因为宇宙是为生命微调的。这完全说得通，因为生命创造了宇宙，而不是宇宙创造了生命。"宇宙"只不过是"自我"构建的时空逻辑。

这方面的有力证据见于所有科学教科书中列出的宇宙物理常数表。这些常数都完美地"设定"在百分之零点几的数值范围内，以便允许对复杂生命友好的原子形成，让提供能量的恒星发光，以及满足所有那些让你现在读到这篇文章的条件。宇宙的法则和条件允许观察者存在，是因为观察者创造了宇宙。

生物中心主义第六原则：时间在动物感知之外并不真实存在。时间是人类感知宇宙变化的工具。

科学家在牛顿定律、爱因斯坦相对论或量子方程中找不到时间的位置。即便是像"之前"和"之后"这样的时间论断，也需要观察者考虑某些特定的事件，然后与其他事件进行比较。我们将在后面的章节中看到，时间并不存在于"外面"，嘀嗒嘀嗒地从过去走向未来，而是具有涌现属性，依赖于观察者保存所历事件信息的能力，"无意识"的观察者是不会感知到时间的。

生物中心主义第七原则：空间是动物感知的另一种形式，没有独立的现实。我们像乌龟背着壳一样随身携带空间和时间。因此，独立于生命的物理事件可以发生，但绝对自存的介质是不存在的。

实验一致表明，距离会根据多种相对条件而发生变化。因此，任何事物之间都不存在不可侵犯的距离。量子理论对相隔很远的天体是否真的完全分离也提出了严重的质疑。物体零时间通过"隧道"穿越空间，并且实现"信息"瞬间传输，都归功于纠缠现象。显然，如果空间真有任何的实际物理现实，那么在零时间内穿越一百万光年的空间就是不可能的。

综上所述，这些原则是建立在彼此之上并相互加强的。我们将在整本书中深入研究这些原则背后的科学。如果这些原则对你来说很陌生，那么不妨先了解一下我们推导每个原则的过程，比如去读一读前两本关于生物中心主义的书籍，简要回顾一下这两本书的内容，以便于衔接后续内容。当然，这也是本卷稍后将出现的四个附加原则的准备工作。

为了正确理解全书主旨，我们先回顾，后谈新内容。在下一章，我们将回溯几个世纪，看看大自然最初是如何与作为观察者的我们联系在一起的。

生命大设计

— 重构 —

THE GRAND
BIOCENTRIC DESIGN

第 2 章
牛顿的苹果与平行世界

物体是运动还是保持静止，取决于其是否受力，物体受到的力越大，运动得就越快。按照这个定律，世界上就不可能有任何运动。要使物体运动，就需要有其他的定律。

艾萨克·牛顿（Isaac Newton）

许多人都曾在生活中的某刻，产生同样的幻想——穿越回过去，与自己最喜爱的早期科学家或预言家会面。比如，与儒勒·凡尔纳（Jules Verne）或赫伯特·乔治·威尔斯（H. G. Wells）闲聊，给他们看一些现代飞机和火箭的照片，告诉他们，他们是对的；告诉他们，他们那些最大的梦想不仅实现了，而且被人类的技术远远地超越了。怎么样，这是不是很有趣？猜猜他们还能淡定吗？

21 世纪，在计算机的帮助下，人类探索宇宙的运作方式似乎比以往任何时候都更容易，也好像接近了终极答案。但我们仍对过去几个世纪中，那些伟大思想家所取得的基础性突破心怀敬畏。让我们成为时间旅行者，穿越到 4 个世纪前，看看那段特殊时期里改变游戏规则的突破是怎样发生的吧！

牛顿理论为量子力学奠定基础

文艺复兴时期，欧洲的人们对上帝掌控所有事件的做法日渐不满，希望理性地感知世界。17 世纪，以勒内·笛卡尔为代表的理性主义者用各种方法剖析宇宙，其中最具决定性的是将人作为观察者与我们所思考的事物分隔开来。当时的科学家和哲学家认为这种区分主体—客体的方法自然而然，又顺理成章，因为人类过去和现在都以善于"搞砸事情"而闻名。在研究自然时，去除"主观"因素似乎是避免错误的第一步。

这种获取知识的新方法中包含一个内在的假设，就是过去的行为对预测未来的表现至关重要。这个假设在约会时很有用，也是假释官遵循的逻辑。对于16世纪到20世纪初的物理学家来说，这个假设也很关键，因为他们依赖于这样一个事实，即物体运动的轨迹是确定其未来位置的最可靠依据。

也正是在17世纪初，在那个充满挑战、斗争的时代，在那个黑死病肆虐的时代，我们遇到了天才——牛顿。

牛顿其人，身材瘦弱、相貌平平，发型看上去就是20世纪六七十年代的嬉皮士风格。他是我们叙事中关键的早期人物，有以下两个原因：第一，牛顿发现了下至"人间"上到"天堂"，即从我们周围的一切，到天空中的日月星辰，所有物体都遵从的运动规律。这些自然基础法则方面的突破，实际上将地球和宇宙联系在了一起。第二，人们经历了几个世纪的时间才意识到这一点，牛顿定律的确可以理解为对平行世界的惊鸿一瞥，是获得惊人领悟的开端。我们将在本书后面深入探讨。如果牛顿能够直面内心深处的禁忌的话，他的洞察力本应让他走得更远。因为这个禁忌就是在考虑宇宙运作方式时不能考虑人类的思维本身。

但不可否认，在理解世界方面，牛顿定律算是迈出了一大步。因为几千年来，人们一直认为天上的东西是完全不同于地上的，诚所谓"天壤之别"。而牛顿正是发现两者之间共同点的第一人，引领人类坚定地走上了宇宙一统的道路，是应得到更多的赞誉。①

两个世纪后，迈克尔·法拉第和詹姆斯·克拉克·麦克斯韦等新一代杰出探索者发现，磁和电的表象不同，但背后存在一种能将这两类实体统一起来的支配力。又过了半个世纪，阿尔伯特·爱因斯坦指出，看上去泾渭分明

① 仅代表作者观点。事实上，中国古人就有天地人一统的看法，见诸经典。——编者注

的空间和时间，其实是同一块硬币的两个面，接着他又揭示了这种"合众为一"①在物质和能量中所起的作用。这无疑是一枚重磅炸弹，因为没人能想象到，闪耀的星光正是物质将自身转化为能量的实际表现。后来，20 世纪早期物理学和化学研究也表明，所有元素都是由同样的亚原子粒子以不同的方式构成的。渐渐的，奇妙的统一性就这样在大自然中弥散开来了。

牛顿开了个好头，时至今日，他仍引领我们以前所未有的速度前行。进一步研究牛顿的运动定律，我们可以发现连牛顿自己都没意识到的他已经打开的大门。

如果从扔石头或射箭的简单例子开始，我们会发现牛顿定律并不抽象。小时候，我们在大街上向路牌扔雪球，就慢慢习得了对力的控制，知道如何抵消引力对雪球抛物线运动的影响，从而学会了瞄准。成功击中目标时，我们不仅能听到雪球撞击金属牌的砰砰声，还能迎来异性路人投来的羡慕目光。

我们一次次挥动手臂，张弛肱二头肌，让冰冷的雪球四处乱飞时，会看到空中大量不同的运动轨迹（图 2.1）。

那些数不清的弧形轨迹是投掷雪球的力与引力相互作用的结果。牛顿发现运动定律时，引力还未被命名。于是，他根据拉丁文"gravitas"创造了引力"gravity"一词。"gravitas"在拉丁文中的意思是高贵的、庄严的或重要的。不管叫什么名字，将物体拉向地面的主要就是这个力。无论你是想要赢得一场射箭比赛，还是向想要占领的城堡准确发射炮弹，这种力都是你主要要考虑的因素。牛顿研究运动定律，当然有作为"自然哲学家"（当时"科学家"一词尚不存在）对取得成就的那种渴望，但不可否认，他的学术成就的确极大地提升了人类的进取心。

牛顿关于运动的研究总是对引力本身进行探索，他证明了引力是真实

---

① "合众为一"（拉丁语原文：E pluribus unum，英语直译：Out of Many, One）意为团结统一。这句话最先出现在一首名为 *Moretum* 的诗歌当中，相传该诗为维吉尔（Vergil）所作，但他可能并非真正的作者。

图 2.1　从同一位置以不同速度向不同方向投掷物体（如雪球）
可能会出现的运动轨迹

可信的、永恒的量，但会随着条件的变化而发生可预测的变化；物体受到的引力随着与地心之间距离的增加而变弱（换句话说，引力的大小与距离的平方成反比。如果苹果与地球中心的距离增加两倍，那么把苹果拉向地面的力就会减弱 75% ）。

我们经常会在漫画上看到，一个苹果砸在牛顿的头上，他就发现了万有引力，但这个故事并不真实。不过，我们确实在观察下落的苹果或任何其他自由下落的物体时，可以看到这些物体的运动轨迹（图 2.2 ）。

图 2.2　以相同速度从不同位置抛出的物体的运动轨迹

当引力与另一种力结合在一起时，比如从悬崖边向前投掷石头，就会出现如图 2.2 所示的弯曲轨迹。现在让我们像牛顿一样来思考问题，想象苹果从树上直接掉下来的情形。因为不是人为投掷，所以只有引力影响苹果的运动。苹果在引力作用下，笔直下落，并不断加速。能多快呢？一秒钟后，速度达到每小时 22 英里[①]，也就是每秒 9.8 米；两秒钟后，达到每小时 44 英里，即每秒 19.6 米；三秒钟后，每小时 66 英里……以这种速度下落的苹果，如果砸到石头上，就直接变成苹果酱了。

这种加速度可预测，比较直观，当然现实中空气阻力会使苹果速度稍慢一点，但此处为了简便，忽略了空气阻力。物体离引力源越近，引力对其的作用效果就越强，下落的加速度就越大。牛顿当时说，引力会随距离增加而变弱。他准确地指出，引力表现得就好像一颗行星的所有质量（他推测是其引力来源）都集中在它的中心。这意味着，从引力角度来看，地球表面的苹果树不在地球的零引力点处，而是高于零点 4 000 英里，也就是从地表到地球中心的距离。

这是一个重要的细节，牛顿借此计算出地球引力对月球的影响。根据三角视差法，他算出月球的中心距离地球的中心有 24 万英里。也就是说，月球到地球中心的距离大约是苹果到地球中心的距离的 60 倍。因此，在月球上感觉到的地球引力，将比苹果"感觉到"的地球引力弱，1/60 × 1/60，大约是 1/3 600 的苹果"引力感"。这意味着月球上的物体降落速率，远小于地球上的。

此外，月球上掉苹果并不像地球上掉苹果一样垂直下落。月球有其固定的、每小时 2 290 英里的速度的水平运动。因此，就像抛出的雪球那样，月球上物体下落的实际轨迹是这两种运动的组合：一是以每小时 2 290 英里的速度水平移动，二是受到地球引力拖拽，以约每小时 10.96 英里的速度，或者说 0.00272 米每二次方秒的加速度向下坠落，相当于每分钟向地球垂直下落大约 16 英尺[②]。

---

① 1 英里大约 1.6 千米。——编者注
② 1 英尺大约 0.3408 米。——编者注

这是有趣的部分。这两种运动的结合产生了一条月球路径，使下落的月球以完全相同的速度向地球下沉，而远在它下面的地球球面由于月球的向前运动而弯曲和下降。结果，月球恰好能够围绕地球旋转，每 27.32166 天转一圈。当一个物体在另一个物体的引力作用下下落，同时在水平方向又运动得足够快时，就会不断围绕引力体旋转。我们会说，这个被引力控制的物体在做轨道运动。

根据天体的行进速度、天体与天体之间的距离，以及引力的强弱（取决于质量，因物体而异），一个物体围绕另一个物体的运动可能有无限多条轨道（图 2.3、图 2.4）。

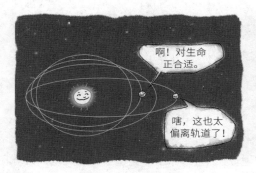

（a）地球绕太阳运动的各种可能轨迹　　　　（b）向前运动和引力接近平衡时，我们会得到另一些可能的轨迹——同心圆

图 2.3　太阳引力控制行星做轨道运动

注：鉴于从太阳到地球可能有各种不同的距离，我们会看到很多同心圆轨道。围绕地球运行的月球、围绕恒星运行的伴星以及在整个宇宙中观察到的各种天体组合的轨道都遵循同样的规则。

牛顿定律的主要启示是，地球围绕太阳的运行会呈现出无数种可能路径，月球绕地球运行亦如此。月球和地球实际运行的轨迹，是各自历史的结果。完全不同的历史会导致轨道截然不同。所以，地球离太阳太近，生命就不可能存在；月球离地球太近，地球就每天都会发生灾难性的潮汐，生命存活也会困难。

无论如何，如果知道某物体运动的起点和初速度（含大小和方向），即所谓的初始条件，就可以用牛顿定律准确地计算出该物体的实际轨迹。即便还需要使用更加复杂的爱因斯坦相对论场方程对计算结果进行一些微调，美国国家宇航局（NASA）、喷气推进实验室（JPL）和欧洲航天局（ESA）仍然会应用牛顿定律计算航天器的轨迹。除此之外，牛顿定律也用于计算地球和月球的未来位置，准确预测日食和月食；还可以用来确定行星的未来位置，预测一些天体现象，诸如水星和金星经过太阳表面的凌日现象。

（a）从同一位置以不同速度方向开始的轨迹　　（b）从不同位置以相同速度开始的轨迹

图 2.4　地球绕太阳运行的另外两种可能轨迹

关于牛顿这些令人眼界大开的理论，除了它带来的实际影响，我们最感兴趣的还是它如何为几代人之后的量子力学奠定基础。在牛顿的时代，没有人意识到他的理论竟然还有这种潜力，因为 17 世纪、18 世纪甚至 19 世纪的物理学家，都不了解自然界固有的不连续本质。

向虚无空间扔出的石头会怎样运动？

为了理解量子力学是如何根植于几个世纪前发展起来的牛顿定律的，我们首先应该回顾一下，如果完全没有外力的作用，物体在空中会怎样运动。例如，有人在远离任何行星或恒星的虚无空间中扔了一块石头。

如图 2.5 所示，石头的轨迹将呈现一条直线：

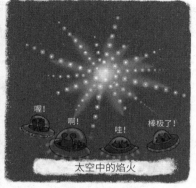

（a）初始速度不变、起点位置可变　　　（b）起点位置不变，投掷方向变化。

图 2.5　在没有外力影响下物体可能的轨迹

因此，在没有外力存在的情况下，物体的运动是非常简单的：沿直线匀速运动。图 2.5 中的示例可以让我们思考两簇简单的可能轨迹；一簇由平行轨迹组成，从不同的位置开始，并且都具有相同的速度；另一簇由沿径向扩展的轨迹组成，从同一中心出发，向不同方向行进。

如果将力施加到图片中的物体上，会立即看到力对物体路径的影响。物体运动的轨迹会发生弯曲，且运动会加速。这适用于任何受力的物体，如引力影响下的行星、宇宙飞船等，以及后来发现的，电磁力作用下的电子。

让我们再回到虚无空间中的情形。我们会看到，牛顿（定律）的轨迹，特别是从一个点辐射出来的轨迹，正如图 2.5 中右图所示，会像穿过波阵面的射线。

什么意思？

为了理解波阵面，请想象一颗鹅卵石掉进一个水面平静的池塘。从鹅卵石撞击水面处向外传播的圆形波决定了所谓的波阵面，如图 2.6 所示。如果通过这些圆形波阵面垂直绘制假想的直线，即一系列垂直于波阵面的直线，就创建出了"射线"，如图 2.6（b）所示。

牛顿之后一个世纪，爱尔兰著名数学家威廉·罗恩·哈密顿（William Rowan Hamilton）利用轨迹和波阵面之间的这种联系，创造了一种将粒子运动表示为波的方法。牛顿定律和大家所说的哈密顿－雅可比方程，能够在给定当前参数的情况下，确定粒子的实际移动或运动趋势，此外，还可以确定粒子从不同的初始条件开始，将如何运动。

哈密顿－雅可比方程，是雅可比对哈密顿（正则）方程的革新和调整，以哈密顿和雅可比的名字命名。卡尔·古斯塔夫·雅各布·雅可比（Carl Gustav Jacob Jacobi），是 19 世纪的数学天才，德国大学的第一位犹太数学家、教授。该方程是量子力学的核心，它是波函数的一个特征，而波函数包含了所有可供选择的可能性。

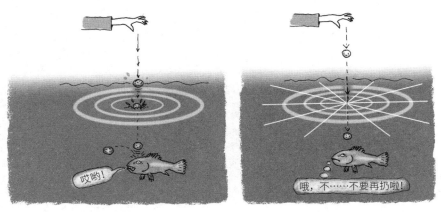

（a）平静池塘中的波浪　　　　　　（b）射线和波阵面的图示

图 2.6　关于波阵面的两种图示

很久以后，思想家们才开始探讨为什么只有一种可能性能实现。就此我们会得出这样的结论：没有观察者，就不可能有确定的、真正实在的世界，因为决定初始条件的是观察者。更确切地说，观察者的意识总是与某些确定的初始条件纠缠在一起。因此，初始条件仅和与其共存的观察者密切相关，它和某种潜在的条件相对应，和一种潜在的现实相一致。

"可以有、应该有"的平行宇宙是否真实存在，或者是否有存在的可能，这些都是专家们激烈争论的问题，也是现代科学和科幻小说中最受欢迎的主题。许多人都思考过这些"假设"，正如本书作者之一罗伯特·兰札所说：

我记得和老朋友薇姬（Vicki）一起参加了高中毕业 35 周年同学聚会。薇姬过世已久的母亲，我仍记忆犹新。她和蔼、谦逊。由于患过小儿麻痹症，她腿上戴着支架。我去她家拜访时，她还颇费周章地端甜点给我吃。她是我一直想要的那种母亲。她总是开玩笑说要收养我。此外，她也因有残疾而得到了大把的空闲时间。她会看电视，总喜欢看那种把人扔来扔去的假摔跤比赛。我们笑着说，这个体弱、温柔的女人竟然看这么残忍的节目。正是薇姬的母亲鼓励了我大学毕业后与乔纳斯·索尔克（Jonas Salk）一起工作，他开发了能极大程度预防小儿麻痹症的疫苗。

我去接薇姬的时候，想着如果她母亲知道我们要一起去参加高中毕业 35 周年同学聚会，一定会非常开心。如果她还活着，可能还是一直看摔跤比赛，在送我们出门之前，还会给我们讲一些有趣的故事逗我们笑。她会为我成为医生、薇姬成为律师感到自豪。遗憾的是，她没能活着看到这些。我愿意相信，在另一个宇宙中，她做到了，然后在我们去聚会后，继续靠在沙发上，面带微笑，观看剩下的摔跤比赛。

我们将在第 4 章详细讨论平行世界。到时候，请大家记住我所描述的这个情景。虽然它看起来非常现代，且是成熟的科幻烧脑场景，但实际上，它起源于人们戴着扑粉假发、瘟疫流行的时代，起源于牛顿及他的那只苹果。

第3章
量子力学改写世界规则

如果可以，就别总对自己说"怎么会这样？"，因为你会"白费力气"，进到无人能逃的死胡同。没有人知道量子力学怎么就会是这样。

理查德·费曼（Richard Feynman）论量子力学

尽管很难，我们也必须先从量子力学谈起，否则难以讨论生物中心主义的出现。但量子力学真是"一罐虫子"，有大把棘手的问题。

一方面，在认知宇宙上，诞生于一个世纪前的量子理论取得了让人震撼的突破，以至于让现代物理学家将量子力学之前的科学称为"经典物理学"，意思就是他们觉得完全有必要建立一个物理发展史的纪元，用来明确区分量子力学前后的物理学。量子理论（QT）创造了一种全新看待世界的方式，改写了支配世界的规则，从而改变了科学，此后的几乎每一项技术进步都可以归功于其非凡的见解。

另一方面，量子理论中棘手的问题也是不容忽视的。首先，量子理论经常违背逻辑，连量子理论的创始人之一尼尔斯·玻尔都曾说过："第一次接触量子理论还不感到震惊的人，绝不可能明了其中道理。"半个世纪后，著名理论物理学家理查德·费曼更加直言不讳："我可以肯定，没有人理解量子力学。"

这不是因为量子方程很难懂，或相关的数学很深奥，而是量子概念本身。费曼只不过是想说，即使是试探性地涉足量子理论，也需要放弃对现实的基本假设。举个例子：

> 如果向传感器发射一个光子，传感器肯定能检测到它。但我们可以先让光子通过分光镜或双向透明玻璃镜，让光子有两条可选的路径到达探测器。我们把这两条路径分别称为路径 A 和路径 B。接着，沿途的其他探测器显示，在抵达最终的探测器之前，光子既没有走路径 A 也没有走路径 B。光子也没有将自己分成两半同时通过两条路径，也没有不经过其中的任何一条路径到达。不知何故，光子避开了所有选项。

这些选项，是我们逻辑上可以接受的全部选择。如果相信世界是理性的，光子必定会选择这四种可能性中的一种，因为理性世界中不存在其他的可能性。但毫无疑问，光子的选择不属于上述四种可能性中的任何一种。

物理学家现在已经习惯了这一点：在常识可接受的选择之外，还有一种不合逻辑的行为。他们甚至为之取了个名字——叠加态（superposition）。他们说光子处于叠加态，就是说光子可以自由地同时选择所有四种可能性，尽管在我们看来这些可能性完全是相互排斥的。

此外还有一个事实，就是我们的观察，甚至我们知道什么，都会改变物理对象。这是第一个明确"观察者可能扮演着更多角色"的发现，观察者不只是大自然盛会的旁观者。

量子理论中的棘手问题远不止于此。因为观测到的量子现象是瞬间发生的，就是它们从一个地方传播到另一个地方，不需花费任何时间。按照常识，即使是以光速传播也需要时间。为了合理解释这种现象，科学家们自然而然地产生了普遍连通性的想法。无时间、无距离蕴含着类似于宗教的神秘教义。这促使很多作家炒作"科学和宗教已经融合"，并就宇宙的基本原理达成一致。大量的电视纪录片、书籍、电影和文章都表现出对量子理论的严重误解。

举个例子，在 2004 年的电影《我们到底知道多少 !?》（*What the Bleep Do We Know!?*）中，量子理论的统一性是故事的主线。这部电影的票房收入为 1 060 万美元，号召力源于接受采访的量子理论专家，不过他们其中一些人提出了愚蠢主张，与真实事物毫不相干。例如，有人声称，量子理论认为人们完全可以决定自己的未来。实际上，情况却恰恰相反。

量子理论对未来事件的所有"预测"都是基于概率，因此是严格随机的。没人能有意识地控制身边发生的物理事件，这里是指超越了人类意志的事件，比如一块巨石从山上滚到那些专家的车道上，他们会束手无策。其实，就连下一次抛硬币得到的是反面还是正面，他们都没办法控制。

鉴于量子理论对本书内容的重要程度，以及市面上对这个理论的不同理解而造成的许多谬论，我们在此先来讲讲量子理论。我们会介绍量子理论是如何开始的、如何进化的，又为什么能成功地阐明以前令人困惑的一些自然现象；介绍该理论如何驱使我们走向将在本书后面谈及的新发现。

量子理论的第一个里程碑

这一切都始于光，即来自物体的热辐射①。如果对热物体做光谱检测，我们可以解析出热物体所发射的不同波长的能量，其中可能包括构成我们能联想到的可见颜色的发光，如铁棒的红热，以及不可见辐射，如红外线。根据构成不同频率光的波的性质，以及决定热能分配方式的经典物理定律，任何发热物体都会发出一定数量的微弱红光和红外光，然后是较多数量的能量较高的绿光，最后是几乎不限数量的小波长、高能的紫光，特别是紫外范围内的光。

但事实并非如此。相反，光的最大辐射以特定波长发出，物体确切的颜

---

① 指"黑体辐射"的特性。在现实生活中，被其他东西照亮的物体，如沐浴在阳光下的行星表面，会反射一些入射能量。物体的反射能力由物体表面的黑暗程度决定，如表面是否光滑，以及物体的物理性质等因素。有些物体，如冰雹颗粒，还可能让光透过，将部分能量传递到另一侧。黑体是一个理论上的物体，能够吸收外来的全部电磁辐射，不管能量来自哪。

色只取决于它的温度。我们看到的东西，是经典物理学都没办法解释的。

1900 年，德国物理学家马克斯·普朗克提出，构成发光物体的原子仅以某种基本单位的整数倍吸收和发射各种频率的光，从而得到了一种与实验结果相吻合的数学方法。他在这里引入了能量的"量子"（quantum），即特定数量的概念。"quantum"一词来自拉丁语，意为"多少"，这就是量子理论的第一个重要里程碑。

1913 年，经典物理学都认为原子应该自毁，此时尼尔斯·玻尔用"离散量子"，即电子轨道量子化的思想来解释为什么原子会继续存在。这位丹麦物理学家明确指出，电子在其圆形轨道上运动时，按照经典定律它应该每万亿分之一秒就发射一次电磁波，累积的能量损失应该很快就使电子螺旋下降到原子中心的质子中。但事实上，我们的身体仍存在于这个稳定的星球上，所以证明原子自毁并没有发生。

高中物理知识提到，围绕原子核运行的电子向内层跃迁时产生了光，当电子跃迁到较低的轨道时，会释放出一部分能量。许多人将其类比成行星围绕太阳运行的景象：假如地球突然获得了额外的能量，就可能利用这些能量克服部分太阳引力，向外跳到更大的轨道上。根据"额外"能量的多少，新轨道可以离太阳更远几英里，也可以再远 100 万英里、1 000 万英里，可以是它们两者之间，可以是任何地方。

与上述假设不同，基于普朗克的量子创新，玻尔提出，每个电子必须保持在离原子核具有特定半径的一系列分立的轨道上。他指出只"允许"电子位于距原子核特定距离处，或位于另一个特定距离处，但不能介于两者之间。[①]

如果一个电子被一份能量击中，就会跃迁到一个更大的轨道上。这是一次确定的跃迁，也就是说在跃迁时，电子吸收能量的数量或量子，必须等于前后两个轨道的能量差值，不能多也不能少。这部分能量会从能量源中被减去，光谱中就会留下一个黑色空位，即光谱中的一条暗线。

① 这一发现让我们知道了原子的大小为 0.0529 纳米，宽度大约为 1/200 埃米。

电子获得能量后，可以通过落入一个较低的轨道状态，发射出相应数量的能量，从而产生一种精确颜色的光。跃迁过程中，能量变化的最小份额（量子）被认定为 h，名为普朗克常数。所有"跃迁"的能量大小都必须是这个常数的整数倍。

普朗克常数不是人为设定的，它是整个宇宙都要遵守的常数。普朗克本人通过观察和实验，准确地确定了这个常数的值。普朗克常数后来成为物理学中一个全新的基本单元。[①]

这个常数从一开始就很奇怪。如果天体也按这种规律运行，将会如何？如果月球可以在现在的位置绕地球运行，或者在两倍、三倍距离的轨道运行，但不允许在中间位置出现，不是因为其他行星或物体对它的作用，而是……只是因为 h，这合理吗？就算如此，月球在零时间内从一个轨道跃迁到另一个轨道，并且从未穿过两条轨道之间的空间，该怎么理解？但这正是电子的行为方式，不连续跃迁，不经过空间跃迁，不需要时间。

所以，物体的热辐射光谱和原子没有自发毁灭这些事儿，现在都得到了合理解释。但这也是要付出代价的，那就是新的解释向理性和过往的经验提出了挑战，甚至就连普朗克本人也为此纠结。多年后，他承认"新生的科学真理，绝不是通过说服反对者并使他们接受而得到认可的，因为反对者终将死去，亲近新真理的新一代人终会成长起来"。

"量子"概念虽然改变了一切，但只是个开始，仅过了 5 年，爱因斯坦就将其应用到了"光"这种物质上。长期以来，光都被认为是一种连续的波，但爱因斯坦却声称光也是由不连续的物质，或者说是由离散的能量包组成的。光本质上是粒子，被称为光子（photons）。1922 年，光的散射现象充分证实了光的粒子性。天空呈现蓝色，就属于光的散射，只能由粒子形式的光形成。

---

① 普朗克常数的值为 $h=6.6218×10^{-34}J·s$（J 为能量的标准单位焦耳）。在科学实践中，经常使用这个自然常数值除以 $2π$，计算出的值用"h-bar"表示。物理学家常用 h-bar 乘以特定色光的角频率，得出"能量包"或离散能束，爱因斯坦后来称之为光子，即光的粒子形式。

　　而后，1924 年，法国物理学家路易斯·德布罗意（Louis De Broglie）用当时的量子定律证实，光不仅具有波动性，还具有粒子性。宇宙中的所有粒子同时也是波，都具有波粒二相性。德布罗意以普朗克和爱因斯坦的工作为基础，构建了一个用于宏观物体或微观粒子的公式①，用来描述它们的波长和动量之间的关系。德布罗意得出的结论是，所有像电子这样的粒子也具有波动性。两年后，这一结论就在实际实验中得到了证实，该项实验利用的是晶体的衍射效应。

　　这些奇异的现象接二连三地出现，科学就像在镜中仙境里漫游。学术研究中提出的每个问题都合乎逻辑，所得答案却并非如此。因此，20 世纪 20 年代，物理学家打开了新世界的大门，他们既震惊，又振奋，因为每一个发现都为我们理解自然带来了新突破。在此过程中，他们不得不重新研究一些看似简单的问题，比如怎样确定粒子或光点的位置。因为如果宇宙中的一切既是波又是粒子，那么在任意给定时刻，其必有存在的位置。

　　科学家推测，如果一个原子是一组波，那么通过观察这些波相互干涉的状况，就有可能识别出它们的谐波节拍，也就是找到各个波不是相互抵消，而是相互增强的位置。于是就产生了这些位置的统计"散布"，从中可以得知任意给定粒子最有可能出现的地方。这些猜测也很快得到了证实，但是"最有可能出现的地方"已经是科学家能得到的最接近粒子位置的答案了。

　　1927 年，沃纳·海森堡提出了著名的不确定性原理。该原理从数学角度解释了，为什么任何具有波动性的物体（实际上是一切物体，特别是微小的物体），都遵守着内在的限制机制，也就是不允许同时准确测定其位置和运动状况。

　　这绝不是因为观察者会干扰或影响被观察的物体（之后几十年中，许多人对不确定性产生的原因的最初认识就是这个），也不是因为经典物体和量子尺度物体之间的任何相互作用，而只是因为波动的固有属性。这种不确定性适用于粒子以某种方式相互关联的所有成对属性。基本论点是，

---

① 物质波公式，又称德布罗意波长公式，表达式为 $\lambda = h/mv$。

在任何给定时刻，对一个粒子的运动状态测定得越精确，粒子的位置就越无法确定。[1]

不确定性原理影响深远，它为"为什么电子没有像经典物理学所说的那样落入质子中"这个问题，又提供了另一种解释。电子撞击原子核时，它的动量变为零，而我们又知道了这个电子的位置就在原子的中心，但根据海森堡的不确定性原理，我们又不能同时精确地知道电子的位置和动量，所以这个事件根本不可能发生。

我们已经看到，在 20 世纪的前 30 年中，具有远见卓识的物理学家普朗克、爱因斯坦、德布罗意、玻尔和海森堡，以及紧随其后的薛定谔和保罗·狄拉克（Paul Dirac）等人，创建了前所未有的数学模型，它具备的预测能力，解释了自然界中令人困惑的奇异现象，并向我们展示了构成宇宙的最小单位如何在最小尺度上运作。

这些科学家都因他们的"烦恼"而很快获得了诺贝尔奖。他们使用了统计方法，发现了惊人的"常数"。这些"常数"表明，自然界在亚微观层面的运作方式与在我们肉眼可见的宏观世界里的运作方式不同。这些科学家的研究成果合称为量子理论或量子力学（quantum mechanics）。也许被贴上了"理论"的标签，就证明量子已经以它的方式通过了所有的观察测试。

鬼魅般的超距作用

量子理论还做出了几个看似完全不可能的独特预测，其中一个预测与我们所说的量子纠缠（entanglement）有关。

1935 年，爱因斯坦和物理学家纳森·罗森（Nathan Rosen）、鲍里斯·波多尔斯基（Boris Podolsky）一同提出了一个奇怪的量子预测，即一起产生的粒子或光微粒会"纠缠"在一起。假设我们将一个光子或一丁点光射入 β 硼酸钡晶体，晶体中就会出来两个光子。每个光子的波长是射入光子波

---

[1] 关于这种不确定性的生物中心主义论点，在前两本生物中心主义书中都可以找到。

长的两倍，这意味着每个光子都分得了一半的能量，这在量子或一般物理定律里是合理的。

但奇怪的是，根据量子理论，处于纠缠态的两个光子，即使以光速飞离，相隔得很远，也一定以某种方式"知道"对方在做什么，并且以自己的互补行动来"回应"。例如，如果观察到一个光子的波在水平方向振动，那么其孪生光子就会知道这一观察结果，并表现出互补特性，即垂直极化。事实上，量子理论认为，即使这对光子相隔数光年，这种"彼此知晓"也会是瞬时的。打脸的就是，这意味着爱因斯坦自己发现的看似铁定的规则——光速是宇宙中最快的速度，将飞到九霄云外去了。我们想要描绘原子及其周围电子的愿望落空了（图 3.1）。

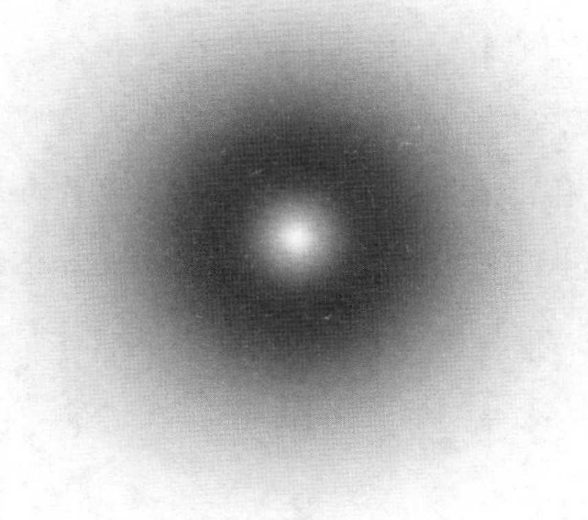

图 3.1　电子可能出现的位置

注：我们使用"轨道"一词来描述电子的位置，意味着希望电子像行星绕太阳运行一样绕原子核旋转。但实际上电子在图中球壳内的某些地方，描绘电子位置的，或许应该是距原子核最有可能的距离。但在任何时候，电子都不能将自己在球壳里的位置固定下来。如果绘制该电子出现位置的概率，黑色区域即是电子出现概率最大的位置，白色区域则是概率最小的位置。

难以接受。这也是为什么爱因斯坦、波多尔斯基和罗森会认为，这种同时发生的行为一定是由未知的局域作用引起的原因。比如还没被意识到的力，或是实验中的干扰，起码不是调侃一样的某种"鬼魅般的超距作用"。

28

　　这一预测突显了第二个令人不安的问题：为什么对第一个光子的观察，首先是上述反常现象的根源？如果有人看一眼那一点光，会有什么不同？难道光子不具有被观察的独立属性（比如极化）吗？20 世纪初的物理学家惊奇地发现，答案是"不见得。"

　　从本质上讲，量子理论认为，在被观察到之前，作为能量团的粒子和光束仅是某种概率的、模糊的存在。这种数学概率具有这样或那样的可能性。一俟观察，一组粒子或光微粒就会根据其数学概率出现，摆脱其模糊的波动性质，表现成类似粒子或波的离散对象。具体是变成粒子还是波，取决于用来检测它们的实验方法。爱因斯坦痛恨这个预测，因为它暗示现实是不确定的、是概率的，就像某种赌局。所以爱因斯坦说出了那句颇具嘲讽意味的名言："上帝不掷骰子！"

　　我们都相信不可能"无中生有"，所以直到今天，还会有人问，先前那一团只存在"可能性"的东西到底是什么？在光子或电子突然变成确定的存在之前，那里原先有什么？我们用来表达原先有什么的术语为"波函数"，这个术语一直沿用到现在。

　　正如我们将看到的，波函数的出现也多少有点暧昧不明，因为很多证据表明，光子或粒子在观察之前根本就不存在，我们基本上是在给那些不存在的事物找了个名称。物体实体化时，是根据这个波函数描述的概率实现的。我们可以把波函数看作是简单的数学可能性。但"可能性"是真实存在的，还是只用于描述可能性的人造概念？我们将在下一章详细讨论。

　　但仔细阅读现代量子物理课本后你会发现，波函数这个概念仍然语义模糊，充满神秘色彩，因为物理学家自己也不确定波函数到底是什么。它到底是某种真实的能量物体，还是某种具有概率性的幽灵般的实体？只有一件事看上去是肯定的：一俟观察，物体的波函数就会"坍缩"（这是半个多世纪以来一直保留并受到青睐的术语）。"坍缩"只是一种说法，即物体随后成为具有真实物理特征的特定实体，并且从那一刻开始，将无限期地继续存在。

因此，"波函数的坍缩"是物质对象的诞生时刻。

如果彼时该对象是一个电子，我们可能会观察到它垂直自旋；如果对象是一个光子，我们则可能看到它水平极化（意思是它的波的电场分量是左右振荡而不是上下振荡）。它们表现出明确的物理特性后，这些物理特性将持续存在到被其他一些相互作用扰乱为止。

回到量子纠缠的话题上。对纠缠粒子行为的预测依赖于这样一个事实：单个粒子以这种方式产生的孪生粒子，将共享一个波函数。这两个光子可能会以光速相互分离，并各自拥有也许长达数百万年的寿命。但如果观察到其中一个有垂直极化，那么另一个光子，或者叫波函数团吧（叫什么都行），都会立即"知道"它的孪生光子被观察到了。它也会坍缩成一个具有完美互补特性的光子。就这个例子而言，它就会坍缩成水平极化。它们一起构成了一组纠缠配对。

"不可能的！"爱因斯坦、波多尔斯基和罗森说。对他们来说，这一预测证明了量子理论存在缺陷。他们继续以蔑视的态度揪住纠缠问题不放，以至于这种现象后来被称为"EPR 悖论"。EPR 是由这三位物理学家名字的首字母组成的（Einstein-Podolsky-Rosen paradox，E——爱因斯坦、P——波多尔斯基和 R——罗森）。

此后的一系列实验想澄清这种让人困惑的量子纠缠，但又一次证明爱因斯坦错了。按时间顺序，斯图尔特·弗里德曼（Stuart Freedman）和约翰·克劳泽（John Clauser）在 1972 年所做的实验，以及维托里奥·拉皮萨尔达（Vittorio Rapisarda）和阿兰·阿斯佩（Alain Aspect）在 20 世纪 80 年代初所做的实验，结果轰动但不完全明确。

之后，日内瓦一位名叫尼古拉斯·吉辛（Nicolas Gisin）的研究人员在 1997 年成功进行了令人信服的演示。他创造出了一对纠缠光子，并让它们沿着各自的光纤传播。当其中一个光子遇到镜子，被迫选择走两条路中的任意一条时，远在 7 英里外的孪生光子，总是在瞬间做出互补的选择。该实验中最引人注目的是"瞬时"这个词。

不要忘了，爱因斯坦反对这种现象的主要论点就是没有任何东西可以超越光速。即使黑洞发生碰撞，产生的引力涟漪在宇宙中传播，其效应也被严格限制在每秒 186 282 英里这一不可逾越的速度之内。然而在吉辛的实验室里，这个速度限制失效了。1997 年，这对纠缠光子的反应并没有被 7 英里的距离所延迟，它们的速度至少要比光速快 1 万倍，这还是受制于设备测试极限的测量结果。大胆一点说的话，这种相互呼应的行为就是同时发生的。

微观世界和宏观世界的交汇处在哪？

越来越多的实验证据，诱使物理学家疯狂寻找理论漏洞，一些人坚持认为，之前的实验可能存在偏差，比如检测到的是相关的粒子事件。2001 年，《自然》（*Nature*）杂志报告，美国国家标准与技术研究所研究员大卫·维因兰德（David Wineland）使用铍离子和一种具有极高探测效率的装置，来观察足够大比例的同步事件，证实了纠缠的瞬时性，批评的声浪才逐渐平息下去。

所以这种奇特的行为是真实的。但这怎么可能呢？同年，维因兰德告诉本书其中一位作者：“好吧，我想确实存在某种超距的鬼魅作用。”当然，据他所知，这说明不了什么。10 年后，维因兰德获得了诺贝尔物理学奖。

总而言之，粒子和光子（代表物质和能量）从模糊的、概率性的、不太真实的“波函数”统计体，到我们观察到它们的那一刻，变成了真实的物体。它们新获得的状态，清晰地穿越整个宇宙，使纠缠的“双胞胎”即时地呈现出互补属性。也许事实并非如此，也许根本没有什么实体“发送”信息，也没有任何其他实体接收到信息，也许其中一个被观察时，两者同时存在……无论具体情况是什么，我们的逻辑都面临挑战。

1. 空间和时间实际上都不存在。因为如果空间有任何现实，那么穿越空间肯定需要时间，即使只是一点点空间。

2. 宇宙有某种统一性，即空间和时间之外的连通性。

3. 观察这种行为在某种程度上是现实存在的核心。

不管是否鬼魅，量子领域中无疑存在纠缠态。但是，量子力学定律是否可以"放大"，用于我们周围的宏观物体？如果可以，又该如何检测？研究人员几十年来一直在思考这个问题。2011年，牛津大学、新加坡国立大学和加拿大国家研究委员会（National Research Council of Canada）的科学家组成了团队，他们设计了一项实验来研究量子纠缠的概念是否可以延伸到日常领域。他们用的是一对3毫米宽的钻石晶体，大约是漂亮耳环中的钻石大小。

科学家们在其中一颗钻石中引起振动，产生声子①（phonon）。由于实验的设计，大家无法知道声子振动是在左侧钻石还是右侧钻石中。研究人员使用激光脉冲来检测声子，结果测得声子来自两颗钻石。两颗钻石发生了纠缠。这证明它们共享一个声子，尽管它们之间的距离有大约15厘米。

2018年，《科学美国人》（Scientific American）上的一篇文章重新提出了这个问题——"科学家们想知道微观世界和宏观世界究竟在哪里交汇……最大的问题是量子效应是否在生物的生命活动中发挥作用"。这篇文章探讨的是2017年发表在《物理通信杂志》（Journal of Physics Communications）上的一项发现，该发现是牛津大学一个研究小组的研究结果。

这个小组声称，通过观察微生物体内的光合作用，他们首次成功地让细菌与光粒子纠缠在一起。在量子物理学家基娅拉·马莱托（Chiara Marletto）的带领下，他们分析了2016年由谢菲尔德大学的大卫·科尔斯（David Coles）及其同事完成的一个实验。

在这个实验中，科尔斯在两面镜子之间分离并隔离了几百个光合细菌。通过镜子之间的反射光，研究人员在其中6个细菌内的光合分子之间引起了耦合或关联。在这种情况下，细菌不断地吸收、发射和重新吸收反射的光子，

---

① 一种振动能量单位，即晶格振动的简正模能量量子。

表现出经典科学中看不到的那种同步行为。

简而言之，现代的科学已经将发端于一个世纪前的量子领域的奇异活动，带入了宏观和生物世界——我们的世界。

现在你明白我们为什么必须先要引入量子理论了吧？正是上述这些研究，将量子理论总体上与生物中心主义联系在一起，尤其是我们对其最新的改进。量子理论不仅被视为人类知识的巨大进步，也为后来的理论家们提供了进步的阶梯——从量子世界走向我们自己的世界，从我们自己的世界，走向许多其他的世界。

生命大设计
—
重构
—

—

THE GRAND
BIOCENTRIC DESIGN

第 4 章

波函数：如何描述量子世界？

通过对外部世界的研究，我们可以得出这样的结论：意识的内容才是最终的现实。

尤金·维格纳
1963 年诺贝尔物理学奖得主

从牛顿定律到量子理论的兴起，我们探究了生物中心主义核心前提的根源——我们作为观察者创造现实。现在，我们要深入研究这是如何发生的。下面，我们来讲解前一章中的一个关键概念——波函数的坍缩。

观察者怎样创造现实？

量子力学用波函数来描述粒子的运动，这个术语表达了所有量子实体，无论是物质粒子还是光子的模糊、尚未确定的先存性。这个术语重要且难以理解，已经困扰了四代外行人。在此我们决定先把它拆开，以确保大家能够分别理解"波"和"函数"。

简单来讲，波是某种基质，如空气或水中的扰动，能量通过波从一个地方传播到另一个地方。我们可以通过传播方式来划分波的类型，将其划分为像海浪一样的上下波动，和像绳子一样的水平左右摆动，也可根据通过的介质类型对波进行分类，将其划分为纵波和横波。纵波（纵向的）可以穿过固体、液体和气体，而横波（侧向的）只能穿过固体，不过有些横波（比如电磁波）也可以在真空中传播。

函数就是用数学方法表达事物之间的某种关系。用我们熟悉的事物举例，下午的温度可能比上午的要高。温度取决于位置，位置不同则温度不同，因此温度是位置的函数。有波浪时，水面的高度也是位置函数，因为它随着位置变化而变化。数学家可以使用公式"$y = \sin x$"来描述将石头扔进池塘所产生的波在某一时刻的形状。但是波沿着水面不断运动，我们可以在脑海中将平静水面想象为 x 轴，就可以让方程变形为"$y = \sin(x-t)$"将时间引入画面。你不用过多关注这个方程，我们想表达的只是它的重点：波函数是波的数学表达，可以描述运动。也就是说，波函数不仅会告诉我们波现在的形状，还会为我们呈现波随时间变化的方式。

这些都让我们感兴趣，因为宇宙由无数粒子组成，而粒子具有"波动性"。具体来说，10 后面再跟 84 个零，就是宇宙中电子等亚原子粒子的数量。更小的是光子或光微粒，我们可以将其视为能量小球。大体上，宇宙中的光子是电子等"固体"亚原子粒子的差不多 10 亿倍。所有这些点状物体，无论是电子还是光子，都以波函数可以描述的方式传播。因此，如果我们想知道发生了什么，如事物在哪里或如何运动，就需要坚持使用波的概念。

第 2 章提到，电子这样的物体可以表示为像射线一样运动，运动方向与行波中的正在传播、弯曲的"波阵面"正交（成直角）。

描述这种相当复杂的运动形状的表达式就是波函数。在量子力学中，"波函数"用"psi：φ"表示。量子粒子的波函数描述了一种波，就像我们在图 4.1（a）看到的水中涟漪一样，与移动波阵面正交的射线就是粒子可能的轨迹。

电子这种物体的波函数描述了观察到它在某个位置的概率。这实际上是我们能够知道的关于此类物体的一切。在实践中，不像我们能看到的具有实际确定轨迹的宏观物体，构成宇宙的无数微小粒子的未来运动只能作为一个概率给出。所以麻烦的是，波函数方程无法准确揭示电子的位置或运动方式。能得出它们发生的概率，我们已经觉得"足够"了。

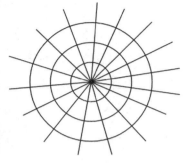

（a）水滴产生的波　　　　　　　（b）射线和波阵面的图示

图 4.1　水滴产生的波与射线产生的波阵面

注：在物体掉入水中的例子中，从撞击点向外传播的波决定了所谓的"波阵面"。

　　所以，无论多么模糊，波函数都携带着关于粒子可能位置的信息。在还没被观察的情况下，粒子的波函数分散的范围可能非常广阔，但被观察之后，波函数就失去了广阔的自由范围，自动地紧密集中在一个特定的位置附近，就是我们刚刚看到它的地方。人们把这种从宽波函数到窄波函数的转变称为波函数坍缩（wave function collapse）。在粒子或光微粒的生命中，这个真被我们发现的时刻，即诞生时刻，就是它摆脱自己奇怪、不合逻辑的属性，以单一的、正常物体的形态出现的时候。在这之后，它的神秘性就所剩无几了。

　　别忘了，在量子这样的微小领域里，电子这样的粒子处于一种叫做叠加态的状态中。这意味着，粒子正同时做所有可能的事情。叠加态的粒子可能同时是以下四种情况：在路径 A 上，在路径 B 上，在路径 A 和 B 上，不在其中任何一条路径上。叠加态的电子可以既向上自旋又向下自旋。在现实中，这些状态都是相互矛盾的，就像自旋的取向总是相互排斥一样，所以电子不能同时处于两种状态。的确，测量时我们总是发现电子处于其中一种或另一种状态。但在测量之前，你根本说不出电子的任何明确特性。

　　宏观世界里的事物如果这样运作，就不合逻辑，让人无所适从。因此，整整一个世纪，物理学家都在探寻：是什么导致物体的行为在被测量时，从量子领域转变到常识和经典科学的领域？究竟是什么导致波函数坍缩？

让理性思维陷入困境的，都是在处理微小物体时遇到的现象，当涉及诸如确定月亮位置之类的问题时，则无须考虑这些。棘手的是，测量甚至观察亚原子客体总是会对其产生影响，因为我们获得的任何信息总是涉及能量交换。试想一下，如果你看到某种东西，是不是就意味着光子或电磁能束已经冲击了视网膜细胞，将电磁力（四种基本力之一）传递给这些细胞中的原子，并最终产生了电脉冲呢？如果没有能量交换，你能感知到什么？仅仅是观察的过程，就可以在你无意识的情况下改变正在发生的事情。就像你拿着手电筒试图观察老鼠在晚上做什么，也会改变它们的夜间行为，并自动得出错误结论一样。

因此，观察者究竟如何，以及为什么"导致"事物成为现实，可能是我们最需要注意的问题，也是最难解决的问题。

一切皆有可能的双缝实验

无数实验提供了揭开谜团的线索，其中著名的双缝实验，就是将电子射向挡板上两个距离很近的缺口。如果电子束足够宽，电子通过两个缺口的机会各占一半。我们知道，根据量子世界的规则，电子束中的每个电子都是波函数模糊的存在，因此它们通过两个缺口时，将同时经历所有的可能性。然后电子波的这些不同部分相互"干涉"，并在缺口后面用于检测的屏幕上产生明显的、一目了然的干涉图案。

现在我们重现这个实验，这次添加一个显示电子通过哪个狭缝的测量装置。就这样，就因为一个测量装置，电子就失去了在模糊状态下同时通过两个狭缝的机会，只表现得像一个粒子，从一个狭缝通过。现在屏幕上没有干涉图案了。

在过去的一个世纪中，科学家已经进行了无数次这个实验的变体实验。大家会发现，导致波函数坍缩，或让电子从模糊波动状态转变为经典粒子的唯一变量是观测——由观察者进行的测量。在一些变体的、不同版本的实验中，唯一不同的仅仅是观察者头脑中的信息。在刚刚提到的实验中，当测量装置安装好，计算机对结果进行打乱并使其随机化，让人难以理解，而此电子就会显现出量子行为，并穿过两个狭缝产生干涉图案。

但是，只要扰频器关闭，观察者就可以得到电子穿过哪个或哪些狭缝的有效信息。然后，在那一毫微秒的时间里，干涉图案消失，电子的路径恢复到单个狭缝，这甚至是追溯性的。电子的路径显然从"两个狭缝"变为"一个狭缝"。是粒子还是波，完全取决于房间里的那个人知道些什么。诡异至极。

不知何故，观测不可避免地成了物质从量子领域突变到经典领域的原因。于是，人们尝试了各种各样的解释。有些人认为，具有量子行为的粒子，只要与宏观物体为伍并受其影响时，就会因为波的干涉而失去其"一切皆有可能"的量子特性。其他人则大胆猜测，也许是引力场在作祟。但不管是哪种说法，都存在一定的问题。即使在今天，关于观察者是否必须是有意识的生命体的争论仍在继续。

许多人认为，任何相互作用或测量都会"迫使"光子或亚原子粒子呈现确定的特性，因此都算作使其波函数坍缩的观察。事实上，观察者的某些属性足以唤起某些物理效应，而其他属性则导致其他效应。有很多因素导致谜团很难揭开，包括一些可能看起来很明显的原因（通过自动化仪器进行测量）。

但是所有的观察，甚至是仪器的测量，也只能通过意识为我们所知。如果没人查看结果，整个问题就保持着模糊不清和猜测性的状态。再者，正如我们将在第 11 章中看到的那样，有记忆力的观察者才能建立时间之箭。相应的，也只有这样，我们才能建立自己观察到的周围一切事物的因果关系。（附录包含对观察者问题的进一步讨论。）

归根结底，我们只能肯定地说，有意识的观察者确实会让量子波函数坍缩，而且这种影响几乎比任何人最初想象的都要深刻。

波函数通常会散布在很大范围的可能位置上，但是生命体观察它之后，就消除了这种广泛的自由，波函数也自动变得紧密地集中在特定位置周围。

如前所述，这种波函数从宽到窄的转变，被称为波函数坍缩。

让我们来看一下波函数坍缩的过程。想象单个粒子，如电子的以平面波传播的波函数，如图 4.2 所示。可以回想一下前面所举的"池塘中的涟漪"的例子。平面就像行进中的波阵面的涟漪。图 4.2 中未显示的射线是这些平面的正交线。图中的波浪线只是提醒我们有波浪正朝着屏幕前进。

图 4.2　平面波函数与荧光屏相互作用

注：观察者注视屏幕时，可能看到在屏幕上任何位置的点。

如果把荧光屏挡在电子的前面，那么在看屏幕之后，我们就会在屏幕上面某处观察到一个单个点。

在给定位置观察到电子或任何粒子的概率由其波函数决定。实际上，物理学家通过求波函数的平方来推导数学概率。[①] 现在我们只是在描述这个过程，读者们并不用真的去做数学题。在我们观察之前，电子到达屏幕上某一点的概率都是一样的，如果另一个电子的波到达屏幕上，我们就会看到另

① 更准确地说，波函数是两个分量对象 ψ_1、ψ_2，合成一个复数 $\psi = \psi_1 + i\psi_2$，其模的平方 $|\psi|^2 = \psi_1^2 + \psi_2^2$，由此可求出概率。

一个点，这个点很可能是在屏幕上的其他地方。经过多次这样的撞击，我们会观察到点在屏幕上是均匀分布的。

看屏幕之前，也就是对有关粒子的位置一无所知时，波函数作为平面波散布在所有空间。但是，一旦观察并看到一个点，我们就有了关于"粒子在哪儿？"这个问题的有用、限定的信息，波函数就会坍缩，局部化为像围绕某个位置的云一样，如图 4.3 所示。

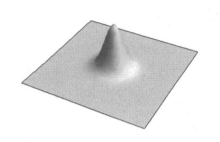

图 4.3　由一个点周围的波函数计算出的概率密度的位置

注：这样的波函数告诉我们的信息是粒子最有可能出现在"云"的中心。

因此，理解整个事情的一个简单方法，就是将波函数视为一种传递可能性和概率信息的方法。它会告诉我们粒子最有可能在哪儿被物化。反过来，它也告诉我们不需要费力去寻找它。当波函数不再像"一切皆有可能"的平面波那样模糊地散布在各处，而是像前面所显示的那样有效地局域化时，我们就知道正在寻找的"这个东西在哪儿"了。

到目前为止，我们一直在思考单个粒子的波函数。且不谈宇宙，我们在描述一个由两个、三个或多个粒子组成的系统时，波函数就是所有这些粒子位置的表达。假如我们有足够的计算能力来处理数学计算，那么波函数就会给到我们所体验的宇宙的信息，以及下一刻最有可能发生的事情的信息。

因此，波函数代表的是像我们这样的观察者所体验的世界。但这个世界还有其他观察者。

由多元世界构成的现实

我们已经看到波函数描述了概率，但在思考包含众多观察者的现实世界时，就不得不扩展对"概率"的理解。对于每个人来说，这个概率都是一样的吗？其实不见得。每个纸牌玩家都知道，其他玩家是否拥有某张纸牌的概率会根据游戏中获得的信息而变化，而且由于玩家手中的牌的不同，每个人的概率计算都不相同。

因此，简单的"波函数"就需要涉及大量计算，需要我们有强大的计算能力才行。考虑到真实世界和现实生活的多样性时，想要弄清楚事情如何进展、粒子如何出现、运动如何相互作用等，将会变得更加复杂。

这个由众多观察者组成的世界，最终将我们带到了"多元世界理论"的讨论中。在图 4.2 所示的实验中，观察者看屏幕之前，点处在任意位置都是可能的，屏幕的波函数是所有这些可能性的叠加。观察屏幕并看到标记电子撞击的黑点时，概率的波函数就坍缩了。

现在假设你没看屏幕，只有和你一起在实验室的朋友爱丽丝在看。她看到了实验的明确结果，即屏幕上某处的黑点。对于爱丽丝来说，波函数已经发生了坍缩；但是对于你来说，波函数仍然没有坍缩。也就是说，屏幕上显示的仍然是所有可能的撞击点的叠加态。因为爱丽丝已经看过，她已经与屏幕上的点所显示的特定结果纠缠在了一起。

这意味着，一旦爱丽丝看到了这个点，她所体验的世界就会以几种不可逆转的方式发生变化。爱丽丝会对观察到的现象有记忆。如果这一天新闻不多，而爱丽丝的生活中又没发生什么，那她可能会告诉几个朋友她观察到了什么，以及她认为这意味着什么。这几个朋友可能会告诉其他人，然后其中一个朋友可能会向 251 人发送一条相关推文，其中的 5 人可能会认为信息足够重要，可以改变他们生活中的决定。

比如受到推文中描述的实验启发，一个叫艾玛的同学决定回学校学习理论物理，但 6 个月后，在去上第一堂课的路上，她在大学停车场发生了轻微的车祸。就这样，她遇到了迈克尔，一名物理老师。虽然他们的关系始于艾玛对迈克尔的大喊大叫，责怪他这个司机没长眼珠子，但他们最终结婚并合作改进了一种核武器。该技术后来被一个激进反嘻哈的恐怖组织窃取，该组织在摇滚名人堂（the Rock and Roll Hall of Fame）引爆了他们的武器……

所有这些事件，甚至包括某座城市的毁灭，都与爱丽丝在显示器上看到的点密切相关。这些事件发生或未发生，就像那些点出现或未出现一样。它们共同构成了一个"世界"。这个"世界"要么是一种可能性，要么是由多元世界构成的现实。后者的依据是物理学家休·埃弗雷特（Hugh Everett）在 20 世纪 50 年代首次提出的关于多元世界的量子理论。

但是你、屏幕和爱丽丝看到黑点的波函数，以及她的生活和她朋友的生活，仍然处于叠加态。这种叠加情况包含了许多爱丽丝生活的版本，其中就有她看到屏幕上不同位置的黑点，或者根本什么黑点也没看到的情况。你自己看屏幕时，会观察到一个确定的点，并从爱丽丝那里听到她说，她也在同一地方看到该点。在测量之前，有很多可能性，我们将之定义为多重潜在世界，但是在测量之后，你的意识"锁定"了其中一个世界。

根据埃弗雷特对量子力学的解释，多重世界不只是在假设中存在，它们实际上是作为宇宙波函数的组成部分而存在。宇宙波函数就像分枝树一样不断进化，永不坍缩。每次测量都会导致波函数坍缩，这种坍缩是分裂，不是结束所有可能性。

每个结果分枝都包含观察者的一个副本，这些观察者对特定观察结果具有不同的记忆，如图 4.4。例如，在一个分枝中，你和爱丽丝在屏幕左上角看到一个黑点，而在另一个分枝中，你在屏幕右下角看到黑点，依此类推。每个分枝都是你和爱丽丝的一个副本所体验的一个"世界"。在每个副本的"世界"里，波函数已经坍缩了，它只显示一个结果。

这里的另一个关键点是，对于其他一些没有看过屏幕的观察者而言，波函数仍保持未坍缩状态，包含着屏幕和你的许多副本。例如，如果爱丽丝不看屏幕，她感知到的波函数包含屏幕和你的许多副本。同样的，如果你不看，那么你感知到的波函数就包含了屏幕和爱丽丝的许多副本。

上述例子表明，包含一组有限可能性的波函数总是与某个观察者有关。这是第一个，也是最简单的一个证据，证明波函数依赖于观察者。这种说法一点也不模糊，并且易于解释。为了更清楚解释这一点，我们再举一个例子：如果最初电子被限制在一个盒子里，会发生什么。

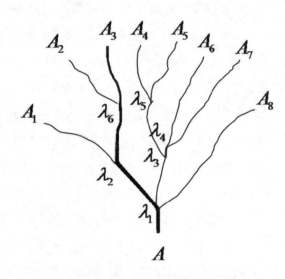

图 4.4　用分枝树表示的波函数

注：粗线代表意识的路径。其他路径不属于"我"的体验，而属于"我"的"副本"的体验。

电子位于盒子内的某个地方，波函数能够显示这一点。但是，如果我们不加以限制，电子可能在宇宙中的任何地方。即使是现在，波函数的值也可以根据我们的行为灵活变化，比如我们打开盒子，电子的波函数开始扩散，经过足够长的时间，概率会均匀地分布到整个宇宙。所以，如果我们不限制粒子的组态（configuration），那么波函数就会包括所有可能的组态。同样，如果波函数没有均匀地分布在所有可能的组态上，就意味着一定是被观察者观察、测量或干扰过。那样的话，这个波函数就是与那个观察者有关。

不可能有这样的波函数：既包含一组受约束的组态，又没有被观察过，即不与某个观察者相关。这同样适用于宇宙的波函数。它代表着这个观察者比如我所体验的宇宙，还包含其他的观察者比如爱丽丝所体验的宇宙。

鉴于上述推理，我们想确保在理解多元世界理论时，不会犯常见的错误：把"宇宙波函数"想象成飘浮在宇宙的某个地方并独立运作。我们应该牢记，包含所有可能性、所有组态，甚至所有可能的宇宙、粒子和物体以及各种能量的波函数，不会让这些事物自己显现出来，除非它们被某些观察者感知或以某种方式被扰动，所以，它们是与观察者相关的。

因此，宇宙包含的任何组态都不会独立于我们展开。换句话说，虽然总体或普遍的波函数会被认为是所有可能的世界的同义词，它包括被扰动前和被扰动后的情况，但也绝不能因此就信神信鬼。缺乏观察和它与意识的密切关联，一切就只剩下了虚构。

在实际实践中，物理学家通过数学的独特眼睛"观察"量子定律，而我们现在正用笨拙的文字描述和类比的方法。但我们已经看到这些启示是如何直接或间接地从量子力学中产生的了。我们已经借此奠定了重要的基础，但这只是我们探索万物如何运作的基石。你在完全掌握了这方面的投资后，它将产生令人震惊的红利。

本章揭示了现实如何从潜在存在中产生，以及波函数和观察者，与所有这些有什么关系。我们也看到了，虽然人们通常将科幻小说中的"多元宇宙"视为虚构，但这种流行的说法，可能不只是"有一点儿"科学性。在第 2 章中，我们暗示的平行现实很可能不只是假设。

如果平行现实确实存在，而且所有可能发生的事情，实际上确实发生在某个埃弗雷特宇宙中，那么也就不存在任何真正意义上的死亡，因为意识和经验总是有增无减（详见第 10 章）。所有平行宇宙同时存在，不管它们中发生了什么。因此，在某些世界中，拿破仑并没有在滑铁卢被击败；在某些世界中，亚历山大大帝并没有出生过。

生命大设计

——

重构

——

——

THE GRAND
BIOCENTRIC-DESIGN

第5章
再见了，实在论

除了自己的观念或感觉之外，我们还能感知到什么？

乔治·伯克利（George Berkeley）
主观唯心主义的创始人

在人类永无止境地追求理解生命潜在现实的过程中，20 世纪初出现的量子理论向我们提出了深刻的挑战。在此之前，科学与常识还是保持一致的。那时的常识强调，个人对自然的感知远不如自然本身重要。毕竟，岩石的位置和成分是值得信赖的事实，尽管有些人对这些特性的测量持怀疑态度，认为有必要修改。

量子力学的出现使物理学家尴尬

这种经典的常识性观点后来被称为"实在论"[①]（realism），它反映了大多数非专业人士相信的事实："外面"的客观世界是真实的，而每个人对世界的"看法"都是试探性的，甚至连我们的语言也在肯定这种特质。我们常说"尽量保持客观""不要让你的主观性影响报告"等。

统计学家和科学家在论及"大错特错"类型时，经常会援引一句套话。

[①] 实在论由希腊哲学家柏拉图所提出。他认为，只有"理式"或者理念才具有充分的存在和实在，个别的东西是没有充分的实在和存在的。

在日常生活中，与实在论相符的原则明显有效。在评估人们告诉我们的事情时，意识到主观和偏见是至关重要的。但实在论在物理学定义中有不同的表达。在文献中，人们会发现"与头脑中的意识无关，物质对象自我存在"的信条。还有些文献将实在论定义为"物质独立于人的思维而存在"或"宇宙特性是独立于自我之外而存在的"。有人称实在论为"即使不去观察，现实也以明确的属性存在的观点"。

在前面的几章里，哪怕只是稍微留意一下，你也会发现问题所在。前面所说的自然界中的实体所具有的客观属性，诸如"运动和位置独立于任何测量而存在"之类，已经在量子层面被实验和观测数据彻底推翻了。

今天，生物中心主义的"自然和观察者相互关联"的观点已广为传播。明确的物质宇宙独立于意识而存在的观念，虽然仍被绝大多数公众认同，但却受到物理学界很多人的质疑。可以肯定的是，构成物体的每个粒子的位置仍然是概率问题。如果有用的话，爱因斯坦会像今天的大多数外行人一样抵制这一点。在他看来，离开实在论，我们就会生活在他所痛恨的那个掷骰子的游戏之中。

实在论并不是20世纪头几十年里，量子理论海啸摧毁的唯一科学海岸线。同样迅速消失的还有"局域性"（locality）。这也是一个古老的常识性观念，即事物只能受到附近直接接触事物的推挤、移动或影响。所以，大家都知道，窗外的旗子之所以飘扬，肯定是附近物质之力所为，即使那个"作用体"本身是看不见的，比如风。

"局域性"概念遭到侵蚀，首先产生重要影响的是我们的老朋友牛顿。正如本书第2章中所述，牛顿首次真正清晰地阐释了物体是如何运动的，并介绍了以拉丁单词"gravitas"命名的"引力"，物体无论巨细，都难以逃脱其无形魔爪的掌控。

但是引力所描述的一些事情却困扰着他，即"局域性"，尽管"locality"这个特定术语是在两个多世纪后才被创造出来。

从牛顿1692年左右与他人的往来信件可知，他为自己提出了这种假设的力而烦恼不已。就像旗子被无形的风吹动那样，这种力能使物体在没有实际接触的情况下就改变位置。

"一个物体可以通过真空作用于远处的另一个物体，两者间不需要任何其他介质……"他写道，"对我来说，这太荒谬了，我不相信任何……有健全思考能力的人会相信这一点。"

因此，那个时期的牛顿在罕见的痛苦内省中表达了深切的恐惧，他所揭示的力在某种意义上是不可能的，尽管他的"定律"一直被证明是正确的。

当然，引力只是物理学家发现无形之力的开始。有些能量通过"场"（field）起作用，"场"是指力能沿着无形的路径发散，充满周围的空间，无处不在。这一切都太诡异了，但确实可以解释其他方法不能说明的物理现象，例如磁铁。使用磁铁，可以展示通过磁场无接触地移动物体，以及展示铁磁控制力。今天，人们将这种磁场应用于自动门锁系统，一般的力气根本无法强行打开这种锁。

尽管爱因斯坦常常批判传统观念，但他一生都坚定不移地坚持局域性原理。在牛顿自我怀疑两个多世纪后，爱因斯坦严格遵守局域性原理，提出了相对论。其中包括一个重要的附加条件：任何物体、能量或场的效应，都受到一个特定的传播速度，即光速的约束。

换句话说，瞬时作用是不可能的。

这意味着在估算事件的影响时，观察到的最快的结果会每隔 186 282.4 英里就有一秒钟的延迟。如果一颗恒星爆炸成为超新星，那么地球上仰望天空的人，将在其爆炸若干年后才能观察到，延迟的时间就是地球与恒星之间的距离除以光速。如果此时此刻在一百光年外发生了超新星爆发，其璀璨光芒将在一百年后照射到我们的天空。

爱因斯坦坚持认为，引力也服从局域性。所以，2017 年智利阿塔卡马沙漠那座激光干涉引力波天文台（LIGO）探测器检测到的引力涟漪，实际上来自 13 亿年前。因为那是 13 亿光年外的两个相距很近的黑洞发生了碰撞合并。

由于地球上物体的距离很近，上述这样的延迟可以忽略不计，但至少目前是可以测量的。根据局域性规则和爱因斯坦的光速限制，每间隔一英尺，就会有相当于十亿分之一秒的延迟。因此，当你向 50 英尺外的街对面的朋友挥手时，她"犹豫"了 50 纳秒或 500 亿分之 1 秒才回应或喊"嗨！"。这是你的形象到达她的眼睛所需的时间，尽管这种一定会存在的"犹豫"并没有让你觉得尴尬。

什么叫尴尬？对许多物理学家来说，量子力学的出现才叫尴尬。量子力学方程清楚地表明：微小物体的行为完全不受光速的限制，也不存在因之而产生的延迟，这让人感到十分困惑。

别忘了，这正是爱因斯坦及其同事纳森·罗森和鲍里斯·波多尔斯基无法接受量子理论对纠缠的预测的原因之一。如上章所述，他们在 1935 年共同撰写了关于这个问题的开创性论文。根据量子理论，纠缠粒子对其孪生粒子状态的"觉察"，以及其自身做出的响应，是瞬时、即刻发生的。即使粒子远在 10 亿光年外的星系中，波函数发生坍缩的"信息"也无须花费 10 亿年时间穿越太空，传达给其孪生粒子。孪生粒子只会立即知晓并做出反应。再见吧，局域性。而且，由于纠缠粒子只有在对其孪生粒子进行测量时才呈现出确定的属性。因此，量子纠缠也提供了更多的证据，表明实在论已经不再起主导作用了。

ERP 三人组为经典物理学辩护

局域性和实在论统治人类的思想已久。但是，物理学家不会不战而降。

交战的一方是爱因斯坦、罗森和波多尔斯基，即著名的"EPR"三人组，他们是守卫经典物理学的"警卫队"。这三个人直截了当地指出，如果预测的纠缠效应确实发生了，那一定是由于一些未知的隐变量，或者是实验的一些干扰因素造成的。

爱因斯坦及其同事坚持相信，物体一定要进行某种直接接触，才能影响其他事物，即使是以场作为媒介进行相互作用，也不会超过光速这个极限。

而且最重要的是，任何事情的发生，与我们是否进行观察没有关系。但众所周知，爱因斯坦曾私下问过一位同事，"你相信月亮在没有人看的情况下存在吗？"。他们用自己的名誉来捍卫这一常识性观点，因为他们发自内心地相信：无论如何，局域性和实在论都必须坚守。

那时是 1935 年，美国大萧条时期，普通老百姓生活得水深火热。很少有人意识到，此时学术界正在展开一场史诗般的争论。

直到 1964 年，约翰·贝尔（John Bell）完成了用概率来测试关联性的理论工作，即贝尔不等式。基于不同探测器的设置，它利用概率来探究纠缠物体的不同测量值的可能性。其数学证明太过复杂，在此不再赘述，总之结果是，如果一些局域隐变量是"纠缠"这种奇怪行为的成因，那么概率就会与预期的不一致。在接下来的 20 年里，阿兰·阿斯佩特的实验又给了 EPR 三人组所持的局域变量观点致命一击。但由于测试设备的限制，这些实验都存在漏洞，直到即将进入 21 世纪，真正能够证明局域性和实在论败北的实验室实验才得以完成。

关键的初始证明，是尼古拉斯·吉辛于 1997 年所做的实验。在瑞士的实验室中，吉辛将处于纠缠态的两个光子隔开了 7 英里，如果它们之间的信息以光速传播，会延迟二万六千分之一秒，但该实验装置中测量到的延迟，是这个时间的数千分之一。

这个超光速信息传输的事实，彻底改变了游戏规则，速度的光速限制已经走到了尽头[①]。但科学极客们仍然想知道：纠缠到底是以比光速更快的速度发生的，还是瞬时发生的？打破光速壁垒足以击败 EPR 三人组对经典物理学的辩护，但零时移动则对现实的本质产生了前所未有的影响。

要知道，如果有什么东西需要量化的话，研究人员就会不遗余力地去确定这个数字。因此，在 2013 年，中国物理学家生成了大量纠缠光子对，然后将纠缠中的一个光子传输到相隔近 10 英里的接收装置上。这些接收装置

---

① 这里提到的信息是指纠缠粒子对的量子态。两个人之间不可能通过使用量子纠缠以比光速更快的速度传递信息来进行交流。

位于东西方向，旨在将地球自转速度，即每小时 1 038 英里的速度所造成的效应混杂降到最低。从本质上讲，该实验的任务是测量纠缠对中的一个光子，然后查看另一个光子变成互补状态的速度，并确保足够频繁地重复该过程。在整整 12 小时内，中国研究团队进行大量测量，记录所有异常值，并精确缩小纠缠光子反应之间经过的时间间隔的测量。

最终，他们发现，量子纠缠以每秒约 2 000 万英里的速度交换信息，大约比光速快 10 000 倍，相当于 1 秒钟内 4 000 次往返于地球和月球。这颇令人费解，也成了轰动一时的头条新闻。尽管如此，虽然该研究支持量子理论的"瞬时"预测，但它并不是结论性的，因为那是他们实验测试能力的上限，真实速度应该会更快。量子理论"根本不需要时间"的预测仍然被认为是有效的。事实上，现在经常有实验宣称同时挑战了局域性和实在性。

关于量子理论预测的实验证据不断出现，局域性和实在论的城堡彻底土崩瓦解，科学家、哲学家和形而上学者暂时联手，共同探究这一切在更深入的、生命意义的层面意味着什么。

当然，某种横跨宇宙的相互关联已经建立起来。无论物体之间相隔多远，物体之间都存在一些未知的非分离的属性。"万物合一"可能不再只是神秘主义者的专利。物理学家伯纳德·德斯帕纳特（Bernard d'Espagnat）说："非分离性现在是物理学中最确定的一般性概念之一。"

这是通往生物中心主义的重要桥梁。而且，我们又往空间和时间概念的棺材上，钉上了一颗钉子。当然，这两个概念仍然有用，它们合在一起就成了爱因斯坦的数学混合物——时空。这个概念让我们可以计算经典物体在宇宙中的运动，以及让速度和重力"参考系"中的观察者，计算另一个"参考系"中的物体和事件。我们将在后面的章节中进一步讨论时空问题。

"时间"和"空间"真的是某些外部基质的可信、确切的组成部分吗？其实这两个独立的"固有现实"的伪装现在已经被揭开了。讽刺的是，爱因斯坦自己就是第一个揭开这面纱的人，因为他在相对论中证明了空间和时间都可以根据局域环境弯曲、收缩，甚至坍缩。

"缸中之脑"：全息宇宙论

如果时间和空间不再是值得信赖的独立实体，那我们该如何描绘宇宙以及我们在宇宙中的地位？我们又该如何描绘正在发生的事件呢？

每当"唯我论"（solipsism）一词出现时，人们总是把它当作谬误的起点，认为在任何科学探讨中都应避免。不过也不难理解为什么这个词总是会出现，毕竟对量子理论含义的深入考察，是避开唯我论模糊边界进行的一次旅行。

《兰登书屋韦伯斯特词典》（*The Random House Webster's Dictionary*）将唯我论定义为："只有自我存在或者可以被证明存在的那种信念。"大多数人第一次遇到这个问题时，会觉得这太荒谬了。但进一步仔细观察时，这种轻率的否定就会消失。

每个人都听说过勒内·笛卡尔的一句名言："我思故我在。"但他的另外一句话却鲜为人知："从哲的第一大原则是，凡是我没有明确认识到的东西，我绝不把它当成真的来接受。"笛卡尔痴迷于用确定的证据来构建世界观。

他提出的问题是一个基本问题，是对现实的本质进行探究的基础。谁能完全确定什么呢？纵观历史，关于现实的各种说法"铁证如山"，都曾在公众面前大行其道，并被视为绝对真理，但总是会被人发现存在漏洞或前后矛盾。17 世纪，在法国，笛卡尔身边不乏这样的思想家，他们致力于描绘一个客观的、基于物质的宇宙，并用数学方程式将主观的观察者剔除。尽管身处这种环境，笛卡尔仍意识到他永远无法完全确定物质宇宙的本质。他推想，怎么确定所感知的一切不只是在自己的脑海中呢？明明他只能依靠来自自身体验的事实。

笛卡尔并不是唯一一个有这种推理思路的人，也不是最后一个得出相同结论的人。在 18 世纪，乔治·伯克利也有过类似的发现。他有句名言："我们感知的唯一事物就是我们的感知。"他认为，我们只是假设这种感知对应于我们外部的实际世界。伯克利因为否认物质实体的独立存在，或者至少否认物质的任何确定性，彻底颠覆了那个时期流行的理性哲学，结果惹怒了一大批同时代的人。

当然，不能确定某事是真的，不等于它就是假的。只是量子理论的兴起，用实验表明了至少在量子领域，物质对象在我们观察它们之前并不存在明确的属性。"宇宙不是客观的外部现实"的想法，突然得到了科学家的支持，不再只是哲学家追寻逻辑而深陷其中无法自拔。正如受人尊敬的理论物理学家海因茨·佩格斯（Heinz Pagels）曾说过的那样："如果你否认世界的客观性，那么你最终会陷入唯我论，即相信自己的意识是唯一的，除非你观察，并意识到它。许多物理学家都是这样认为的。"

佩格斯的结论是正确的。但在生物中心主义中，不是"你"的意识是唯一的，而是"我们"的意识是唯一的。我们的个体分离性是一种幻觉。毕竟，如果空间和时间在任何绝对意义上都不存在，那么我们如何认定事物是分开的呢？我们只有一个单一的意识。"问题的焦点"，即你自己体验到的，是这种单一意识不同方式的表现。

这真的是唯我论，还是其他的什么？唯我论和宇宙一元论，即"只有我"和"没有我"，并不像想象的那么容易区分。在某种程度上，它们互为因果，就像一根绳子上缠绕交结的两股线。

这种思想有悠久的历史。早在公元前6世纪，哲学家巴门尼德（Parmenides）就得出结论：宇宙的本质就是永恒。宇宙与我们的意识同在、与我们无法割裂。宇宙，既没有诞生，也永远不会消亡。至少在基本的层面上，宇宙也不受变化的影响。在《论自然》（On Nature）这首诗中，巴门尼德肯定了意识绝对居于首要地位。在笛卡尔之前的几个世纪，他就写道："意识等同于存在。"

但这仍然不是"万物合一"思想的源头。甚至更早之前，商羯罗（Shankara）和其他印度教写书人就已经坚持说"一切即一"，并且这种一体性与自我是相同的。不久之后，佛教哲学的各个分支也加入了这一潮流，其中最著名的是禅宗佛教（Zen Buddhism）。他们声称，所谓的开悟体验归

54

结为对一体性的直接感知。拥有这种特殊的体验，成为东方宗教信徒追求的核心目标。直到今天，这些宗教的信徒，和那些越来越普遍的冥想禅修的信徒，依然如此。事实上，在这种对"真理"的感知中，禅修者感知到的是没有"自我"，也没有"他者"。

既称得上相对现代的数学家，又同意禅修者观点的人，非薛定谔莫属。他是量子理论的创始人之一，也是量子理论最严厉的批评者之一。在量子理论和意识之间的联系方面，薛定谔是先知先觉者。正是他最先察觉到宇宙的基本物理学和知觉现实的基础之间的基本联系："每一个曾经说过或感觉过'我'的意识，都是能控制'原子运动'的人。"

在非分离性方面，薛定谔也先人一步。从一开始就有一个问题，那就是"一切即一"的范式似乎与日常经验中独立意识的证据相矛盾。就像我的梦想和你的不一样，你的脚趾只能你自己扭动，我就不行。这种常识性观点在西方模式中几乎得到了普遍支持。西方模式理所当然地认为有无数检验方法，至少每个人对身体的控制是独立的，这反过来又意味着存在多个独立意识的孤岛。

薛定谔坚持说："那是一种错觉。"他的论著本应引来瓦拉纳西[1]教士们无数的掌声。"即使是一个看起来多元的东西，也只是由欺骗产生的关于这一事物的一系列不同个性方面。"

他继续解释说："我们所体验的多元化只是一种假象，不是真实的……大脑看起来有很多个，但总数只有一个。大脑有特殊的时间表，即永远是现在。真的没有以前和以后。只有现在，包括回忆和期待。"

在其他场合，他喜欢说："意识是单数，而复数是未知的。"我们又回到了唯我论，或者至少与概莫能外的一元论想法有交集。

有趣的是，在没有特别使用这个词的情况下，越来越多的科幻小说用唯我论的故事情节来刺激观众。在广受欢迎的《黑客帝国》(*Matrix*)系列

---

[1] 又称贝拿勒斯，印度教圣地、著名历史古城。

电影中,主角尼奥被描绘为拥有"缸中之脑"①的人。将他们囚禁的外部世界,是由名为"母体"的计算机人工智能系统控制的世界。他在里面看似冒险的经历,是人为的。严格来说,实际上是大脑的产物。

全息宇宙模型越来越多地在科普杂志被提出,它将自然解释为一种人为设计。类似于银行卡上的全息图,其中感知到的颜色、维度、各种各样的人和其他生物体的存在,以及复杂、交织的故事情节等,都不过是计算机代码编程的运行结果。

在这种情况下,单一大脑或基于意识的模型,就不再显得特别异于寻常。当然,过去150年间,科学的总体方向一直是寻求一统的解释,结果却发现了许多简化的模型。从19世纪开始,人们发现电和磁是同一现象的不同方面时,科学中统一的潘多拉盒子就已经敞开,吸引着其他人跟随。20世纪初期,爱因斯坦首先统一了物质和能量,然后是空间和时间。

后来,20世纪中叶的理论家,在试图揭示大爆炸后几分钟和几秒钟内存在的条件时发现,宇宙四种基本力中的三种最初是合并在一起的,并不是作为实体独立存在。如今,许多物理学家不再将"弱力"和"电磁力"区分开来,而是将其称为"电弱力"。

不可否认,科学的量子力学突破所隐含的潜在统一性,一直都是一个核心探索问题,我们对其的研究尚未完全实现。科学的工作就是要证明或否定观察者的认知结果,并思考过去150年的实验结果所隐含的一元论的含义。

科学必须毫不畏惧地做到这一点,我们必须遵循证据,即使证据颠覆了我们最长久持有的、最基本的信念。

站在局域性和实在论的废墟上,目睹有真正的相互联系,且有明确涉及思想或意识的相互联系的证据不断增加。我们逐渐发现,宇宙是一个可以想象的简单而统一的宇宙,与我们的自我密不可分。

---

① Brain in a vat,又称桶中之脑,是知识论中的一个思想实验,由哲学家希拉里·普特南在《理性、真理和历史》一书中提出。实验的基础是人所体验到的一切最终都要在大脑中转化为神经信号。——译者注

第 6 章
人类存在的最基本方面

我认为意识是基本的。

马克斯·普朗克
1918 年诺贝尔奖获得者

20 世纪，物理学家突然认识到"知觉"是人类存在的最基本方面，吓了一大跳。

一方面，知觉或意识是客观存在的事实，比他们研究的焦点——物质宇宙最坚实的数学结论，或许更可靠；另一方面，意识似乎与科学格格不入，因为意识有点像讨论爱情、关系或其他此类话题。部分原因是，20 世纪的科学家们在皮埃尔·拉普拉斯（Pierre LaPlace）等人的领导下，或多或少成功地让宇宙看起来像一台巨大的、自动运转的机器。人们了解了运动定律、概率规则、力的本质，就可以预测机械宇宙中的一切，这一切根本无须意识的参与。

然而，20 世纪 20 年代，物理学的进步，不断将观察者和意识推向科学的前沿和研究的中心。共同创建和完善量子力学的那些杰出人物，如马克斯·普朗克、沃纳·海森堡、尼尔斯·玻尔、欧文·薛定谔、沃尔夫冈·泡利（Wolfgang Pauli）、阿尔伯特·爱因斯坦、保罗·狄拉克，以及后来的尤金·维格纳等人逐渐意识到，将扰乱实验结果的观察者从实验过程中剔除，会让完全客观的模式遭遇重大障碍。正如海森堡所说："从可能性到真实存在的转变，发生在观察行为中。如果想描述原子事件中发生的事情，我们就不得不意识到，'发生'这个词只适于观察。"

参与式宇宙：观察者定义现实

量子理论一再表明，在任何特定的时刻，像电子或光子这样的东西既可能是波，也可能是粒子，但不可能既是粒子也是波；可能会向上自旋，也可能会向下自旋；可能是水平极化，也可能是垂直极化；可能在这里，也可能在那里……而这些将被观察到的属性永远无法提前预测。正如我们看到的那样，波函数拥有一种奇怪的先存性，它作为一种模糊的可能性或概率存在，尚未"坍缩"前并非具有真实属性的实际物体。现在的问题是：是什么导致了这个波函数坍缩并产生了真实持久的实体？根据著名的双缝干涉等实验研究，决定因素似乎是观察者，即进行测量的人。

随着时间的推移，观察者在实验中的重要性被证实有增无减，所起的作用甚至比最初想象的更为核心。电子显示为波还是粒子，会根据旁观者脑海中信息的存在与否来发生变化，但在观察之前，它们不会发生变化。甚至，说光子或亚原子粒子从一开始就"具有属性"是没有意义的。事实上，现在完全是主流的物理学家在说，"电子在空间中没有独立于观察者的任何实际位置或任何实际运动"。

正如普林斯顿大学伟大的物理学家约翰·惠勒曾经宣称的那样："任何现象都不是真实的现象，除非是被观察到的现象。"这意味着"观察"一词，尽管表面上必然包含着作为旁观者的被动过程，但实际上是观察者创造现实的主动过程。

因此，大约一个世纪以前，当实验者第一次开始证明所谓的外部世界会随着我们的观察而发生物理变化时，海森堡写道："波函数的不连续变化发生在观察者的大脑对结果进行记录的过程中。正是在这种记录的瞬间，我们知识的不连续变化，在概率函数的不连续变化中形成映像。"

海森堡继续解释说，"观察者永远不会被仪器完全取代；如果被完全取代，观察者显然无法获得任何知识。去读仪器，就一定要有观察者感官的介入。即使是有最仔细的记录，如果不经过查看，我们也将一无所获"。

简而言之，所有的观察，甚至是仪器测量，都只能通过意识来了解。所以多亏了观察的新发现，意识意外地成了严肃物理学探索的焦点，自然法则的研究者不得不转向这种现象。现在人们已经清楚地认识到，这一现象不仅要用来理解宇宙，不仅要在物理上改变宇宙的内容，而且要改变让宇宙以任何方式显现出来的机制。

因此，在第一次世界大战结束前后，世界上最伟大的一些物理学家突然开始谈论封尘已久的独立存在体，即实体。这个问题以前只有形而上学者、哲学家、神职人员和神秘主义者比较关心。他们涉足这个神秘的领域一定是既觉得新奇又感到沮丧，因为意识早已被证明是一个很不容易用常规科学方法检验的对象。

尽管如此，似乎所有 20 世纪早期的理论物理学家都加入了赞美意识的行列。

"我们称之为真实的一切，"玻尔说，"都是由不能被视为真实的东西构成的。物理学家只是一个原子看待自身的方式而已。"

泡利说："我们接受的不再是一个客观的观察者的现实，而是通过其不确定的影响，创造了一种被观察到系统的新状态的人。"

意识如传染性疾病，在这群物理学家中蔓延。即便是那些最痴迷于数学方程的量子力学创始人也已看到，探索亚微观领域的新的有效方法迫使他们去思考观察者本身。

马克斯·普朗克自信而坦率地写道："我认为意识是基本的，我认为物质是意识的衍生品。"

为了避免大家把那些早期的量子物理学家想象成是战后席卷欧洲的意识热潮的受害者，20 世纪后期的量子天才们也不停地为意识摇旗呐喊。

诺贝尔奖获得者、匈牙利裔美国物理学家尤金·维格纳在 1961 年辩解：

"直到不久前，大多数物理科学家还都强烈否认心灵或灵魂的'存在'。机械论和……宏观物理学所取得的辉煌成就，掩盖了一个显而易见的事实，即思想、欲望和情感不是由物质构成的。物理学家几乎普遍认为，除了物质之外，什么都没有。这种观点集中体现在人们坚信如果知道了所有原子在某一时刻的位置和速度，就可以计算出宇宙未来的命运……但在量子理论出现之后，意识的概念再露峥嵘。不考虑意识，我们就不可能以完全一致的方式确切表述量子力学定律。"

他后来这样总结道："意识的内容是终极现实，正是对外部世界研究而导致的结论。"

几年后，北爱尔兰物理学家约翰·贝尔提出的著名的定理，为与局域性相违的量子纠缠提供了数学基础。他赞同维格纳的观点，宣称："至于意识，我完全相信它在现实的终极本质中占有中心地位。"

我们稍后将会看到，从霍金到惠勒，物理学家们在接下来的几十年里更是为意识推波助澜。他们提出了诸如"参与式宇宙"等概念，宣称我们不仅创造了现在，甚至还创造了过去。著名英国宇宙学家、皇家天文学家马丁·里斯（Martin Rees）也曾说过："有人观察到宇宙时，宇宙才会存在。观察者数十亿年后才出现这件事，并不重要。宇宙之所以存在，是因为我们意识到了它。"

薛定谔的猫：科学史上最著名的思想实验

好吧，这确实异乎寻常。但就目前而言，从大约一个世纪前物理学就发生了突变，人们开始认真对待这个问题：如果没有意识，物质世界本身就不能提供真实或完整的现实图景。

对"观察改变现实"这一观念，最著名的早期反驳之声来自薛定谔。尽管他狂热地相信永恒的"一切即一"意识遍及整个宇宙，但他反对那些对量子理论的不合逻辑的结论，就像哥本哈根诠释那样。

我们再次快速回顾一下以著名的丹麦人尼尔斯·玻尔和德国物理学家

海森堡开展合作研究所在地命名的哥本哈根诠释（被称为量子力学的"正统解释"）。玻尔等人认为，一个量子系统，比如说，是由一个原子以及任何可能正在观察或影响这个原子的观察者构成的系统，只有在被观察时，才会明显地呈现出一种或另一种状态。

在观察者观察之前，原子的所有可能性都同时存在，并且同样真实。换句话说，一个粒子可能同时在两个地方，或者一个光子可能同时是水平极化和垂直极化。这种状况一直存在，直到有人看到，然后一种状态出现，另一种状态消失得无影无踪。

哥本哈根学派遵循这样一个事实，即这种行为在经典物理学中是没有意义的。他们说，量子理论有一套规则，经典理论也有一套规则，但二者永远不会同时起作用。为了戳破观察改变现实的气球，薛定谔构想了一个可以将两个世界联结在一起的虚拟场景，炮制了他所谓的"荒谬的案例"。

1935 年，他在德国出版物《自然科学》（*Naturwissenschaften*）上发表了论文，其中写道："一个铁盒里关着一只猫，同时里面还有一个盖革计数器、一小块放射性物质。我们必须保证这些装置不受猫的直接干扰。其中放射性物质非常小，小到在一个小时内，只有一个原子可能发生衰变，但不发生衰变的概率与发生衰变的概率完全相同。如果发生衰变，盖革计数器就会触发锤子打碎装有氢氰酸的瓶子，让整个系统静置一个小时。打开箱子时，如果没有原子发生衰变，猫就活着；如果有原子发生衰变，猫就会被毒死。在打开箱子之前，整个系统的波函数 ψ 对猫的描述为：（按照哥本哈根诠释）箱子中混合着或弥散着死猫和活猫，死与活的部分一样多。"

简而言之，量子理论认为盒子里的放射性原子在被观察到之前会以叠加态存在，意味着这只倒霉的猫在盒子被打开之前既是死的，也是活的，但这是每个人都认为不可能的事情。至少在单一的世界里是不可能的……除非埃弗雷特的分枝世界到来。薛定谔认为，哥本哈根诠释得出这个荒谬的结论不可避免，因此必然存在缺陷。

薛定谔的猫成为史上最著名的思想实验，但它并不完全是原创的。在此之前，物理学家就曾设想找到一种方法，将亚微观的量子行为与日常的经典世界纠缠在一起，举例质疑量子力学的这种不合逻辑的诠释。早在薛定谔的猫提出的 15 年前，爱因斯坦就以原子衰变引爆炸弹为例，炮制了第一个这样的思想实验。现在，有一点是薛定谔和爱因斯坦都认同的：量子理论中，现实取决于观察者的预测，这是非常诡异的。而实验还在继续证实这一点。

1961 年，尤金·维格纳简述了另一个著名的思想实验。两个观察者，实验中是维格纳及他的朋友，他们一个在实验室内进行测量，另一个事后才听说，就像第 4 章中讨论的爱丽丝的例子。该实验旨在探索测量的性质，以及客观事实是否存在。对于那个实验室外的观察者来说，实验对象的波函数保持着叠加状态，直到他被告知结果；但是对于实验室内的观察者来说，波函数已经在测量时"坍缩"了。所以这对现实和其中观察者的角色而言，到底意味着什么呢？

像这样的猜想反映了物理学家长期以来的怀疑，即量子力学允许两个观察者体验不同的、相互冲突的现实。幸好量子技术的最新进展，终于让在实验室中使用纠缠来测试这一点成为可能。

2019 年，《科学进步》（Science Advances）上发表了一项最新实验，是爱丁堡赫瑞瓦特大学的马西米利亚诺·普罗耶蒂（Massimiliano Proietti）和他的同事，创造了不同的现实：使用 6 个纠缠的光子创造了两个平行的现实，并将它们进行了比较[①]（图 6.1）。

这个实验虽然使用了最先进的量子技术，但研究人员仍花费了数周时间才收集到足够的具有统计学强度的数据。幸好，实验产生的结果是明确的。正如维格纳所预测的那样，这两种现实可以共存，哪怕两种现实并不相容。

如果两个现实相容，就与实验的客观事实不一致。这些结果表明：客观现实并不存在。两位作者写道："这个结果意味着量子理论应该以一种依赖于观察者的方式来解释……但科学方法依赖于事实、通过反复测量而建立，

---

① 版权所有 ©2019 作者，保留部分权利；美国科学促进协会的独家许可证。对美国政府的原创作品不作要求。根据知识共享署名许可 4.0（CC BY）发布。

并得到普遍认可，与观察者无关。然而在我们的论文中，观察者破坏了这一想法，这也许是颠覆性的。"

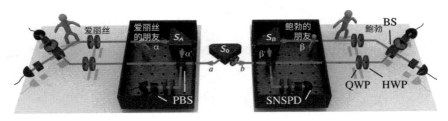

（a）将粒子分配给爱丽丝的朋友　　　　（b）将粒子分配给鲍勃的朋友

图 6.1　2019 年发表在《科学进步》上的论文的实验设置

注1：马西米利亚诺·普罗耶蒂等人，《科学进步》，2019年，第5期：第eaaw9832页。
注2：来自源（S_0）的成对纠缠光子被用来创建两个平行现实，他们测量各自的光子，以确定测量结果和光子是否处于叠加状态。

虽然实验中的观察者是用纠缠光子建模的[①]，但同样的原理也适用于宏观探测器，包括有意识的观察者。实验结果证实了就是意识改变了现实。

争论不休的意识难题

意识很重要。这也许是 21 世纪最保守的说法。意识到底是什么？它的定义一直存在许多争议，人们普遍认为它是指有知觉的、感知事物的、有感觉的、清醒的、拥有体验的状态。定义意识的最棘手之处在于，对它的理解不仅意味着探究思想的本质或特性，还意味着，到底"有思想"是什么感觉？最近，"感受性"（qualia）一词被用来指代这些定义意识的个人、主观感觉或体验。

哲学家大卫·查尔默斯（David Chalmers）创造了"意识的难题"这一短语，来指代科学在解释碳、氢、氧原子，或者大脑组织，又或者沿着神

[①] 我们将在下一章中进一步阐明这点，包括表征层次的概念。根据该概念，从第一人称的角度来看，其他观察者就像检测器一样，是意识中的某种图片，即"表征"。

经元移动的电子（电流）等物质，到底是如何让我们产生紫色、暮色天空或新割草的气味等主观体验时所遇到的困难。

迄今为止，所有的努力都是徒劳。而且，更难解释的是，任何可感受的特质——这些"感知"感，当初怎么就产生了。这重燃了数百年前关于物质和意识是不同的还是相互联系的争论。如果它们是分开的，那哪一个是更基本的？

有时候，整个话题就像是被精心设计的玩笑。知觉可能是现实中最密切、最明显的方面，而这就非常讽刺，因为它仍然无法被解释，甚至连被讨论都很难。这种特殊的煎熬，源于以下两个方面：一是我们还无法解释到底是什么赋予了动物感知感；二是"感受"是不言而喻的。意识让我们感知天空是蓝色的，这种体验，简单又无可争辩。但如果我们生来就是盲人，即使有人花无数时间将之传达给我们，我们也不可能感知。与其他东西不同，蓝色的体验是不言自明的，而且是相当完整的。看到天空，我们就完全知道天空的样子，再无什么可得。因此，感知是全面的，什么都不缺。

所以，如果一个人开始探索宇宙，并用知识来探索它的特征，那么意识的事实很可能被视为存在的最初、最可靠的部分。

许多科学家仍在试图将数学和物理方程应用于生命中传统的、难以衡量的意识中，结果二者根本"水火不相容"。因此，一个世纪后的今天，每当提及意识，大多数科学家都会避而远之。而那些参与其中的人则坚持那些肤浅的认识，当然，他们可能是因为不能，或者不愿意开阔科学的疆域以适应这种固有的主观现象。

以《意识的解释》（Consciousness Explained）一书的作者、认知科学家丹尼尔·丹尼特（Daniel Dennett）为例，他就是一点都不认可"感受性"是个有用的概念。他的书除了书名外，基本上对"难题"是不予理会的。他花了数百页描述大脑的哪些部分控制了视觉等特定功能。这就是为什么许多评论家认为，这部作品"忽视了意识"。

"意识的影响"这一主题，现在仍被持续争论中，诸如物理学是否应该处理这个问题，或是把这个话题留给哲学家和形而上学。对于今天的大多数物理学家来说，意识、神灵或来世属于同一个范畴。

不管怎样，那些不愿意让物理学介入生命这些大问题的人，都受到了强烈持久的反对。例如，2018 年，意大利理论物理学家卡洛·罗韦利（Carlo Rovelli）写道，物理学有必要解决最深层次的未解问题，即使这些问题看起来属于哲学的范畴。在《科学美国人》的一篇博客文章中，他写道："这里列出了目前理论物理学中探讨的一些话题：什么是空间？什么是时间？世界是确定的吗？我们描述自然时，是否需要考虑观察者？"

意识问题不会消失。量子理论的先驱们所提出的大量重大基础性问题至今仍在航行，船体和当时一样深深地隐藏在大海中。

但在最波涛汹涌的水域中，阳光明媚的港湾在招手——就在前方。

生命大设计

— 重构 —

THE GRAND
BIOCENTRIC DESIGN

第 7 章

意识是如何运作的?

备受热议的人类思维与外部世界之间的交流问题……可以简单归结为：在有思维的主体中，不可能会有外部直觉。所谓外部直觉，换个说法，就是对空间，连同填充其中的形状和运动的直觉。而这个问题，无人能够回答。

伊曼纽尔·康德（Immanuel Kant）
德国古典哲学创始人

几年前你买的那台用来在暴风雨和停电时维持照明的大型、昂贵的发电机，需要一次大修。

在维修工维修的过程中，你会问"什么是汽缸垫？"之类的问题，你会饶有兴致地听着维修工向你解释四冲程发动机的基本原理，以及为什么发动机缸体的两大部分需要耐压的密封垫片，以防止内部气体和油泄漏。

现代工程的确是个奇迹，但真正的奇迹是你怎么能从一开始就对身边发生的现实产生体验，比如"修理工来访"这类非常平凡的现实。你怎么就能如此详细立体地感知面前的这个人、理解他的话。每个人都在主观地感知事件，同时还能在一个看似非常真实的共享现实中交流。我们的意识到底是怎样运作的？

视觉体验与意识感知的关联

我们已经知道，意识是什么、如何产生之类的问题，在很大程度上不大可能找到答案。那是因为意识包含了所有的现实，而且两者本质上是同义词，所以探究意识起源的问题就等于想知道一切的起源。更绝望的是，时间根本就不是一个独立存在于意识之外的东西，因此并不存在一种外在的基质让意识／现实借以从中产生，让我们可以在其中对意识展开研究。

而意识如何运作则完全是另一回事。幸运的是，我们已经触碰到了意识混乱的部分，因为"意识运作的工序"正是我们的智力和科学工具可以有效解决的问题，科学家已经得出了答案。意识的工作方式比汽缸垫的工作方式复杂得多，因为支配四冲程发动机工作的经典科学，无法解释诸如叠加之类的量子现象。在量子现象中，多种可能悬而未决，直到一个波函数坍缩，带动整个集合协同工作，产生单一的感知结果。所谓意识，正是一种量子现象。

我们先以红绿灯为例，开始探索意识是如何运作的。虽然我无法证明我称之为"红色"的确切视觉体验与你的是否相同，但我们都同意红灯是"红色的"。这没关系，其实不管你看到的红色是什么样的，我们都会保持一致，因为自从有人第一次想到命名颜色以来，这种一致就一直存在。

意识的一大难题是我们怎样以及为什么会体验到一种叫做"红色"的东西。为了理解这个问题，我们可以考虑这样一个事实：光是电磁波谱的一部分。电磁波谱是电磁辐射从较短的波长到较长的波长的连续梯度变化。因此，我们可能会将视觉光谱体验为从暗到亮的灰色连续亮度梯度。这可能是一种简单的定量体验。但是，对于人类和某些动物来说，情况并非如此。我们有独特的定性体验。光线落在特定的视觉光谱范围内时，为什么我们会在主观上体验到一种我们称之为"红色"而不是"绿色"的独特感觉呢？

1965 年，研究人员在眼睛中发现了 3 种类型的锥细胞。这些锥细胞受到刺激时，会与红色、绿色和蓝色的视觉感觉相关联。刺激不同类型的锥细胞时，人的感受都不同。这提供给我们一个线索：这些锥细胞中有 2/3 是所谓的"L 型"，负责红色的感觉。这种一边倒的情况让我们感知视觉光谱中"红色"范围内的光线，比感知其他波长的光线更优先，因此我们对颜色的感知是有某种目的的。

红色可能会引起大脑的额外关注,是因为红色与受伤、火灾和鲜血等事件有关。我们本能地知道这一点。喜欢宁静雅致环境的人,是不会把卧室漆成鲜红色的——除了叛逆型青少年。红色被普遍设置成警示通知、铁路以及汽车停车等信号的颜色,不无道理。即使是文化不同的国家,也没有违反这条规则。显然,这种我们称之为"红色"的,吸引人注意力的定性体验,与一种深层固有的情感和神经联系模式有关。

迷宫般的细胞簇组成像电路一样的通道,与锥细胞相连,每个锥细胞与大脑的不同区域相关联。当这些细胞结构中的视锥细胞在视网膜感受到刺激时,我们会有不同的体验:蓝色唤起的是天空的辽阔;绿色表达的是植被的慰藉。

我们认为,这三种最基本的颜色及其各种组合,在早期进化过程中具有独特的存在价值,它们与大脑中各自的功能通路有关。关于这些细胞簇的复杂逻辑关系被带入与意识相关的大脑活跃纠缠的区域时,我们就有了不同的色觉。虽然我们不会在意构成每种颜色的成分,但我们还是能区分出好些颜色的。

这只是我们意识感知和决策过程中的一个简单运作的例子。要了解我们意识到的那些东西,就必须回到围绕大脑无数神经电现象的量子活动云中。

如果的确是意识支配下的观察触发了坍缩,那我们为什么不能把潜意识事件计算在内?比如突然发现自己情绪紧张,是因为刚刚路过了一面涂成红色的墙壁。毕竟,潜意识往往是此类事件的决定性因素,就像各种条件反射那样。

其实,潜意识层面的活动处于量子叠加状态,也就是说,所有的可能性同时并存。但是,当潜意识的结果突然出现在现实和清醒的认知中的瞬间,可感知的"选择"就产生了。这才是关键。因为在许多可能的埃弗雷特分枝中,总是有大量的大脑活跃链,当意识位于其中一个分枝上时,主观感知为对确定结果的知觉。这种结果现在从数学上被描述为波函数的坍缩。

同一个大脑，不同的"我"

我们再回顾一下薛定谔的猫。在该示例中，一系列事件始于由盖革计数器监控的辐射源。辐射源中的放射性物质的波函数，描述的是两种状态的叠加：衰变，以及没有衰变。简化一下这种情况，比如在现代实验室里，如果发生了衰变，计数器就会检测到高能光子，并发出短暂的"咔嗒"声，并让实验室技术人员听到。声音本身只是短暂的空气压力波，在耳朵里被转换成电化学信号，通过神经传递到大脑。大脑对信息的处理首先从潜意识层面开始。然后，信息在意识中被理解为"盖革计数器的'咔嗒'声"，之后是大脑皮层中一连串的解释判断。

整个衰变的事件序列构成了一个可能的大脑活动链，但请注意，严格意义上的物理放射性衰变和神经反应都不可避免地联系在一个结果中。而没有衰变发生的状况，对应一条完全不同的大脑活动链，让我们没有感知到计数器的"咔嗒"声。这是两个可能的分枝：一个以有意识感知到"咔嗒"声结束，另一个只有静默。根据量子理论，直到感知的那一刻，这两个分枝同时存在，即处于叠加态。但从我个人的角度来看，我不能同时处于这两种意识的叠加状态，因为二者是相互排斥的，我不能既听到又听不到"咔嗒"声。所以，我发现自己明确地处于这两种状态中的一个。

波函数坍缩确实是由我对某一事件或另一事件的感知触发的。但对读者来说，这里面什么才是没想到的呢？那就是两个分枝不断延展，将放射性镭、仪器、振荡扬声器、耳朵的振动鼓膜，以及那些无数的大脑神经元都囊括其中。它们都是埃弗雷特分枝的一部分，一个都不能少。

大脑的不同部分如何参与叠加，以及如何坍缩为单一体验，取决于大脑如何处理信息的细节，因此我们必须先了解一点技术性知识。大脑的所有神经元都通过电信号和化学信号处理信息。神经元具有电兴奋性，通过"离子泵"来维持穿透神经元细胞膜的电压差。大脑中的离子是失去电子的钠、钾、氯和钙的原子，因此它们各自带有一点电荷。这些离子沿着嵌入细胞膜的离子通道流动，产生细胞内外离子浓度差。跨膜电压的变化，改变了这些电依赖离子通道的功能。如果电压变化幅度足够大，就会产生一种称为动作电位（action potential，也称为"神经脉冲"或"尖峰"）的全有或全无电化学脉冲，以每小时 70 到 250 英里的速度沿着细胞轴突向各处传递，进而激活与其他细胞突触的联系。因此，大脑中的所有信息最终都是通过离子动态来介导的。

这些离子以及它们进入或离开细胞的通道都非常微小。美国数学物理学家亨利·斯塔普（Henry Stapp）指出："根据海森堡不确定性原理，离子的运动方向产生了相对较大的不确定性。这意味着描述离子位置的量子波包，在从触发点开始沿离子通道移动的过程中就会扩散开来，变得比在触发点时大得多。那么，钙离子与其他钙离子结合，是否产生胞吐（离开细胞）的问题，基本上类似于量子粒子是否在双缝实验中通过一个或另一个狭缝的问题。根据量子理论，答案是'两者兼有'。"

斯塔普所说的钙离子通道是打开还是关闭，其机制远不止于此。例如，电生理学探针让我们能够研究大脑细胞内各种不同类型离子的运动。如果电极直径足够小，小到微米量级，则可以直接观察和记录单个细胞中的细胞内电活动。因此，我们有能力捕捉与时间出现有关的整个机制——从量子层面，即一切仍处于叠加状态，到大脑神经回路中发生的宏观事件（有关大脑和时间出现的更多信息，请参阅第 11 章）。

仅讨论钙通道的打开和关闭是不够的，因为当你将这种机制扩展到包括从细胞内离子梯度的变化，到轴突放电的整个时间序列中所涉及的离子动态时，这个方程就简化成一团量子信息云。一方面，合适的探针和现代技术让我们能够监测细胞轴突上动作电位的产生和移动，但潜在的主要问题就是量子信息。因为当这个过程扩展到包括离子动态及其叠加时，其中一定有量子行为共存。

正是量子水平上对离子动态的调制，才使得我们与意识相关联的信息系统的所有部分，与单一"我"的感觉同时相互关联。

这才是关键。与此相关的是，大脑中那些相互关联的区域，共同构成了在所有表现形式中被视为"意识"的系统。之所以如此，是因为"时间"感或事件的顺序流，在所有负责产生有意识的现实生活体验，即时空体验的空间算法 / 神经环路中同时出现。

需要特别注意的是，在这个过程发生之前，大脑中神经元之间的空间分离是没有意义的。这是一种要么全有要么全无的现象。

在任何特定时刻，都有一团与意识相关的量子活动云。你所感受到的和有意识地体验到的确切事情，是否会发生变化，取决于当时哪些记忆和情绪被招入系统，这些记忆和情绪对应于大脑神经回路的不同网络。这种时空逻辑可以进一步延伸到大脑的其他部分，以及周围神经系统，甚至延伸到当时你所观察的整个世界。

这方面的进一步证据可以在分离性身份识别障碍[1]患者身上找到。他们有两个或两个以上的分裂身份，如著名的西碧尔[2]（Sybil）案例。因此，同一个大脑可以有多个区域，每个区域都体验不同的"我"。在这种情况下，与每个纠缠系统相关的神经回路，它们很大一部分可能会重叠。而独特性，也就是不同的"我"，可能因为不同的记忆和情感区域在不同的时间被激活而呈现出来。西碧尔现在可能是"佩吉"，今晚可能是"维姬"，明天可能是"西碧尔·安"，她是谁取决于其大脑在任何特定时刻参与纠缠的区域。

我们实际上可以观察到这个过程，因为实验已经完成，实验很好地说明了叠加情况。2007 年，《科学》（Science）杂志上发表了一个实验，科学家将光子射入一个装置，通过装置中的岔路口时，光子必须"决定"走哪一条路。就在光子经过岔路口将近 50 米之后，实验人员可以控制一个开关……他们是打开还是不打开这个开关，决定了这个粒子过去在岔路口处的行为。结果表明，他们可以追溯，即逆着时间倒退回去改变这些光子是作为粒子还是作为波的行为。

---

[1] 以往被称为多重人格障碍。——译者注
[2] 一个拥有 16 重人格的女孩。

无法用"第一人称体验"解释意识

早在几十年前，惠勒就提出了这种"延迟选择"类型的实验。惠勒是爱因斯坦的同事，他还提供了"黑洞"和"虫洞"两个术语。我们在图 7.1 中来看看该实验的操作。

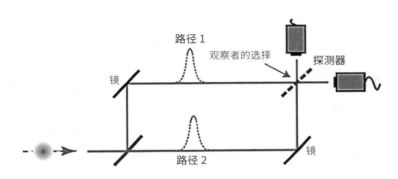

图 7.1　惠勒延迟选择实验的实验验证

注：2007年，科学家将光子射入一个装置（箭头，左下角），并表明他们可以用追溯来改变光子是粒子还是波。粒子必须在装置的岔路口"决定"选择"路径 1"还是"路径 2"。稍后，过了岔路口近50米处，实验者可以按下开关，打开或关闭第二个分束器（"观察者的选择"，右上角）。事实证明，观察者在这一点上所做的，决定了粒子过去在岔路口的行为逻辑。

光子沿着左下角的路径前进，首先会碰到一个分束器。这个分束器就是岔路口。如果作为粒子，光子流中的一半光子将沿直线前进，而另一半则向上偏转；如果作为波，一个光子将通过两条路径。在经过这个分束器之后，每个光子在实验结束时到达图中两个探测器的概率相等。

现在，右上角的虚线处是第二个分束器，两束光在此再次分束，重新组合成相干光束，显示出光波动特征的干涉效应。实验者是否选择打开第二个分束器，决定了光子如何离开装置。换句话说，用追溯来确定光子先前所做的路径决定和作为粒子还是波的决定，表明已经发生的事件可以通过未来的行动和观察来改变。

然而，根据惠勒本人的说法，对延迟选择实验的"追溯性"解释有些误导。他坚持认为，该实验只是表明，在岔路口发生的事情，即过去在装置中发生的事情的逻辑取决于第二个分束器是否打开。也就是说，在做出第二个选择／观察之前，没有任何波函数发生坍缩。

2007年的实验和其他类似的实验都让人严重怀疑是否存在"不可更改的过去"。事实上，自20世纪60年代以来，像惠勒这样的理论物理学家已经表达了坚定的信念，即只有在当前观察到相关物体时，过去才会显现（更多关于这一方面的内容，请参阅第12章）。

大脑中类似的量子效应都表明，决策，甚至仅仅是知觉，都会导致一连串的量子结果，甚至可以"改写"先前的状态。重要的是，你现在意识中的东西瓦解了过去发生的事情的时空逻辑。

在我们结束对意识机制的讨论之前，最后一个棘手的问题是，我们试图通过参考某人大脑中神经回路的活动来描述一个人的意识时出现的问题。

如果科学家检查爱丽丝的大脑活动，她的大脑和脑功能就会在科学家的大脑和意识中得到反映。因此，这种探测外部世界的尝试，包括爱丽丝的精神功能，仍然牢牢地根植于科学家的意识之中。

诚然，人们可以深入了解爱丽丝的意识，但无论如何，我们对她的意识的感知，总是与我们自身的意识相关联。无论科学家多么努力地试图理解爱丽丝的意识和她对外部世界的感知，得到的结果仍然只是爱丽丝大脑的一张图片或表征。

试图理解另一个人或动物的意识时，我们也可以尝试在精神上把自己"置于他们的位置"。然而，我们自身的感觉和思想仍然完全停留在自己熟悉的、一直被称之为"我自己"的意识上。我们从来没有体验过多重意识，也就是我们的和其他人合在一起的意识。无论掌握的信息多么全面，当涉及另一个人的意识时，我们充其量只是在画中看画，在戏中看戏，体验到的还是在我们自己意识中表征出来的心思。

因此，生命提供了不同的、层次化的表征。在最高层次上，有一种被意识所感知的世界的表征或"画面"，可以被认为是一种不受位置限制的状态，即一种绝对单一的体验，也可以理解为是我所体验到的以我的大脑为中心的状态。在这个最高级别的画面中，有与其他观察者相关的较低级别的画面或表征。如图 7.2 所示。

鲍勃对世界的感知

图 7.2 爱丽丝对世界的表征（"画面"）只是鲍勃对世界表征中的一种

当我们不考虑和区分这些不同层次的表现时，"意识的难题"就出现了。在标准的唯物主义范式中，物质是首要的，困难的是我们无法理解经验、感知或感觉是如何从诸如分子和脑组织之类的无知觉物质对象，甚至是其中的电脉冲中产生的。

然而，在生物中心主义范式中，意识是最基本的，"外部"世界，包括物质，是意识中的一种表征。在这种范式中，如何从物质中获得意识的问题并不存在。用现在的科学研究范式，我们很难理解意识是如何从大脑中产生的，但研究中任何对世界的认知或表征都已经在意识中了。

人们永远无法将意识完全解释为"第一人称体验"，那种我们都承认的"我"的最熟悉的感觉。"我"的意识，即"我"的第一人称体验，与另一个人的意识图像处于不同的层次，我可以通过研究他或她的大脑神经过程来观察。对我来说，他们的意识就像画中画（图 7.3），不是真"我"的体验。

因此，所有这些研究都与真正神秘的"我"的感觉不同。毕竟，图片中的猫不能吃到房间里的老鼠。

图 7.3　两个不同层次表征的图示

注：在一个房间里，扶手沙发上有一只老鼠，而墙上的画中有一只猫。这个场景和桌子上的屏幕一起被一个男孩拍了下来，摄像机的信号被传送到计算机中，然后图像显示在屏幕上。这种自我参照的循环结果是画中画的无限重复。如果你正在观察自己大脑的功能，也会发生类似的情况。

美国当代著名学者、认知科学家侯世达（Douglas Hofstadter，中文名侯道仁）的《哥德尔、埃舍尔、巴赫：集异璧之大成》（*Gödel Escher Bach:an Eternal Golden Braid*）一书引人入胜，书中对复杂的表征层次进行了大量讨论。以埃舍尔的一幅名画《画廊》（*Print Gallery*）为例，画中的建筑是一个画廊，观察者站在画廊里，再次看着描绘这个建筑的画；在这幅画的建筑里，再次出现这个画廊和这个观察者。

如果观察自己的神经过程，例如在电脑屏幕上观察，那么"我"就参与了一个自我参照循环。在这个循环中，我看到自己的意识如何根据这些神经过程发生变异。因此，我正在体验"我"的意识。这颇像吞尾蛇，一个古埃及的图腾符号。在已知的第一个西方版本中，吞尾蛇包含希腊语单词 hen to pan（$\dot{\varepsilon}\nu\ \tau\grave{o}\ \pi\tilde{a}\nu$），意思是"一即一切"。

我们暂时退出"镜子大厅"，回顾生物中心主义的七项基本原则来总结我们迄今为止的发现。现在我们将增加一个新原则——第八原则。这是本书将推出的四个新增原则中的第一个。

生物中心主义的原则

生物中心主义第一原则：我们所感知的现实是一个涉及我们意识的过程。"外部"现实如果存在的话，根据定义，必须存在于空间的框架中。但空间和时间不是绝对的现实，而是人类和动物思维的工具。

生物中心主义第二原则：我们的外部感知和内部感知密不可分。外部感知和内部感知是同一枚硬币的两面，彼此不能分离。

生物中心主义第三原则：所有粒子和物体的行为与观察者的存在密不可分。如果没有有意识的观察者，它们至多只能以概率波的不确定状态存在。

生物中心主义第四原则：没有意识，"物质"处于不确定的概率状态。任何可能先于意识的宇宙都只存在于概率状态中。

生物中心主义第五原则：宇宙的精密安排只能通过生物中心主义来解释，因为宇宙是为生命微调的。这完全说得通，因为生命创造了宇宙，而不是宇宙创造了生命。"宇宙"只不过是"自我"构建的时空逻辑。

生物中心主义第六原则：时间在动物感知之外并不真实存在。时间是人类感知宇宙变化的工具。

生物中心主义第七原则：空间是动物感知的另一种形式，没有独立的现实。我们像乌龟背着壳一样随身携带空间和时间。因此，允许独立于生命的物理事件发生，而又绝对自存的介质是不存在的。

生物中心主义第八原则：生物中心主义为大脑与物质和世界的统一提供了唯一的解释，显示了对大脑中的离子动态在量子水平上的调控，如何使我们与意识相关的信息系统的所有部分同时相互联系。

第 8 章
重温利贝特的自由意志实验

我不是鸟，没有陷入罗网；我是个有独立意志的自由人。

夏洛特·勃朗特（Charlotte Brontë）

《简·爱》（*Jane Eyre*）

我们现在将深入探讨人类存在的最古老、最基本的问题之一——我们是否有自由意志。大多数读者可能会认为这是浪费时间，因为……我们每个人都有自由意志。让我们来更深入地了解一下吧。自笛卡尔时代以来，科学家们在很大程度上认为世界不是由神心血来潮控制的，而是由物理定律和力控制的，比如惯性和引力。后来他们又认为，在亚原子层面上，世界是由量子理论的规则控制的。不管你觉得宇宙是怎样产生的，宇宙现在都被认为是一个巨大的机器，按照某些规律运行。我们身体内的运作也同样遵循这些定律。

所以，如果你不能亲自控制自己大脑神经元内的放电，又怎么会做出各种选择呢？当你认真思考的时候，不管你权衡了怎样的利弊，从某种程度上说，最终的决定难道不是突然出现在你的脑海里吗？至少，你自己在做出决定时，是有这种感觉的。如果真的不知道是如何做出决定的，或者为什么会做出这样的决定，那你怎么能声称已经行使了自由意志呢？

如果事情大多是自行发生的话，我们又怎么能让罪犯对他们的行为负责？我们如何激励他人完成伟大的事情？我们对道德和一般人性的看法又会发生什么变化？

这显然是比最初看起来更深刻、更复杂的问题。就连爱因斯坦也因此无眠。爱因斯坦喜欢引用 19 世纪哲学家亚瑟·叔本华（Arthur Schopenhauer）的一句话："人可以按自己的意愿行事，但不能随心所欲。"

事实上，我们正在把科学界搅得天翻地覆。量子力学或生物中心主义很可能会通过某种重要的手段登上舞台，成为澄清事情的主角。没错，就是著名的利贝特实验，它过去被当作人类没有自由意志的证据。这个实验检测到的大脑活动的电信号，证明了测试对象甚至在他们意识到自己的选择之前就已经做出了决定。

大脑之谜：人类没有自由意志？

大约 40 年前，本杰明·利贝特（Benjamin Libet）博士开始研究大脑的自主电路是否能够"自主"地管理我们的生命，同时告知我们它的决定。我们通常会觉得并假设这些决定是由"自我"意识做出的。利贝特知道，他的研究结果可能会产生深远的影响，甚至可能一举解决关于个人自由意志的古老争论。

利贝特在 1983 年进行的第一个实验（图 8.1）由三个关键部分组成：要做出的选择、决策过程中对大脑活动的测量以及时钟。

受试者被告知，要做出选择：要么动一下左臂或者动一下右臂；要么轻拍手腕；要么伸出左手或右手的一根手指。研究人员要求受试者"在任何时候都要让'行动'的冲动自行出现，不能事先计划或集中精力于何时行动"，移动的准确时间是从受试者手臂的肌肉上记录下来的。

第二个组成部分——对大脑活动的测量，通过装置在头皮上的电极进行。很幸运，这个实验能够很好地分别检测到人的冲动和左右两侧的实际运动。因为当电极沿着头部中间的运动皮层放置时，特征电信号会在受试者计划并执行身体两侧运动时出现。

时钟是专门设计的，可以让参与者精确定位亚秒级时间。受试者被告知要用时钟来报告他们做出移动决定的确切时间。

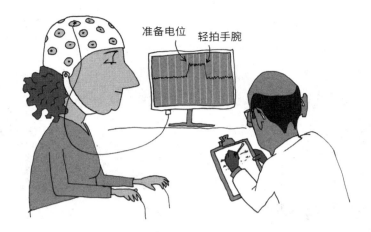

图 8.1　著名的本杰明·利贝特实验

注：该实验传统上被当作人类没有自由意志的证据。这个结论是基于大脑活动的电信号的时机。实验结果表明，受试者在觉察到他们的选择之前，就已经做出了决定。后面我们将看到，生物中心主义对实验的解释与传统的、普遍接受的解释相悖。

几十年来，生理学家都知道，在真正移动之前几分之一秒时大脑的电信号就会发生变化。因此，毫不奇怪，在利贝特的实验中，电极可靠地记录了参与者移动前几分之一秒时大脑活动的变化。到目前为止，一切顺利。

爆炸性的结果来自参与者报告移动决定时的情况。利贝特研究团队发现，这种"决定"总是发生在大脑中的电变化（技术上称为准备电位）和实际运动之间的间隔时间内。

他们发现，做决定的"感觉"不可能是导致运动决定的真正原因。在做出决定的主观体验发生之前，电极通常会记录大脑信号的变化，最长可达十分之三秒。电极检测到的信号无疑是准确的，实验人员总能在受试者自己知道之前，预测他们的哪只手臂、手腕或手最终会被举起。

这些结果似乎清楚地表明，在人们意识到之前，大脑的神经回路就已经做出了决定。因此，我们人类没有自由意志。简而言之，大脑做出了决定，不久之后你就会觉察到自己的这个决定，然后错误地将其归因于自己的意志。

这个实验以及后来的配套实验引起了巨大的轰动。在随后的几年里，《纽约时报》（*New York Times*）上的 3 篇头版文章，将这个问题带给了广大的普通读者。《泰晤士报》（*The Times*）的文章最终得出结论：我们人类可能并没有自由意志，但社会必须假装有，因为要维护法治，让人们为自己的行为负责。

在某些圈子里，人们对利贝特的实验结果不以为然。如果大脑或思维的某个部分做出了决定，即便是在这个过程中，我们只是被动地接受了自我回路的告知，那不仍然是一种自我管理的形式吗？毕竟，还是我们自己的大脑在运作。毕竟对于大多数人来说，唯一的自我就是"我"的感觉。

意识的自我意志选择

利贝特的发现即使不是彻底令人沮丧，也够令人郁闷了。看来，我们掌舵生命的身份是幻觉。虽然我们的肾脏能净化血液，肝脏能发挥 500 种功能，大脑可以毫不费力地自行做出所有决定，包括去哪儿、吃什么之类的判断，但你或我突然没有了容身之地，我们自己的感觉成了意识控制器。

那些不愿告别有意识控制的人，生物中心主义会给你们提供一个强有力的豁免条款。

量子理论的多世界诠释，结合与意识相联系的波函数坍缩，形成了生物中心主义的框架，为我们提供了对利贝特实验结果的另一种解释：我们不是由蛋白质和原子决定的木偶，而是主动的施事者。从这个角度来看，真正使波函数发生坍缩的只有"我"的意识选择，而且在"我"意识到决定移动右手或左手的时候也是如此。换句话说，波函数的坍缩并不是在电极检测到准备电位的时候发生的。在那个时候，仍然存在着各种可能性的叠加，如图 8.2 所示，其显示为不同的路径。

将这些实验解释为缺乏自由意志的证明是基于这样一个假设，即实验者和实验对象的视角之间没有区别。外部观察者，即实验者看到的事件的时间顺序很明显，在实验者看来，测试对象没有做出选择。决定是在电极检测到的准备电位发生的时刻，就已经完成了。但这个准备电位只是其中一个分枝的一部分。从测试对象的角度来看，只有在她意识到做出决定的那一刻，波函数才会坍缩成这个特定的分枝。而后，所有其他分枝都从她的感知中消失了。

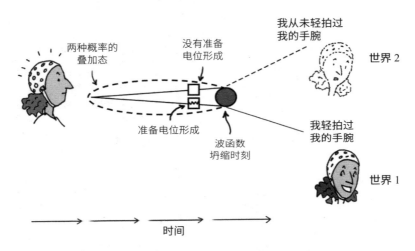

图 8.2　利贝特实验对象所感知到的波函数坍缩

注：轻拍一下手腕，她发现自己进入了世界1，世界2从她的感知中消失了。

从实验者的角度来看，情况是不同的。据实验者说，在他看到实验结果的那一刻，波函数就坍缩了。

在观察之前，有几种可能性。而在观察之后，实验中事件的后续过程取决于特定准备电位的发生或不发生。

从每个观察者的角度来看，他们的知觉所走的路径并不是预先确定的。同样的原则也适用于第三人（仿照第 6 章里 "维格纳的朋友"）。相对于他，整个实验设置，包括测试对象、实验者和屏幕上的读数，都处于叠加态，直到他看到结果（见图 8.3、图 8.4）。

如果我是这个实验的测试对象，我轻拍手腕或举起手指的决定是自由的决定。我在这一刻决定轻拍我的左手腕，意味着世界，包括我的大脑的波函数就坍缩了，变成了在这一刻之前的几分之一秒，发生了匹配的准备电位的状态。如果我决定完全不动，我的波函数就会保持在关于准备电位的两种可能性的状态中。

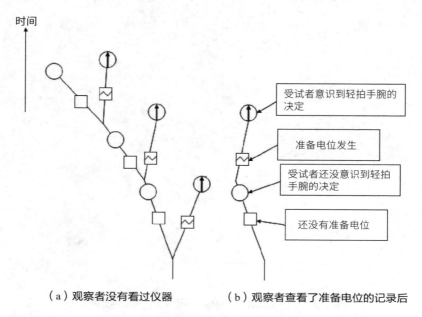

（a）观察者没有看过仪器　　　　（b）观察者查看了准备电位的记录后

图 8.3　波函数相对于第三个观察者的分枝

注：相对于实验者，他在查看了准备电位的记录后，分枝波函数坍缩为一个分枝。

（a）观察者　　　　　　　　　　（b）实验者

图 8.4　利贝特实验如何被第三人观察到的图示

注：此处为透过窗户观察。相对于他，整个实验设置，包括测试对象、实验者和屏幕上的读数，都处于叠加态，直到他看到结果。

利贝特实验的传统解释，因为暗示没有自由意志，应列入决定论范式之中。这是本章开头提到的范式，许多科学家仍在为其辩护。在这种范式中，宇宙是一台在时间开始时启动的伟大机器，其轮子和齿轮依照独立于我们的定律运转。

爱因斯坦说："一切事物的开始和结束，都是由我们无法控制的力决定的。这一点对昆虫是确定的，对星星亦如此。无论是人类、蔬菜，还是宇宙尘埃，都随着由远处看不见的吹笛者吹奏的神秘曲调起舞。"在这种解释中，每个人的思想、感觉和行动都是先存力的自动、机械的合成物。大脑是决定性的机器，其副产品是意识。

也有许多承认量子力学不确定性现实的人持反对态度，认为这种不确定性仅限于微观现象。还有人认为，量子不确定性只是允许行动成为量子随机性的结果，这本身就意味着传统的自由意志是不存在的，因为这种行动不能被意识的独立选择所控制。

处于叠加态的大脑

上一章中，我们讨论了量子叠加扩展到大脑工作机制的思想，还特别参考了亨利·斯塔普的理论。斯塔普等人认为，大脑工作过程的量子不确定性让解释利贝特实验与自由意志能共存。但他们的解释并不依赖于多元世界理论，而是涉及大脑工作过程的详细机制。这些过程导致人准备电位，随后有意识地决定移动手指。斯塔普很好地解释了为什么大脑不能成为决定性机器，因为其工作过程处于量子叠加态。

大脑是否真的处于叠加态，一直是科学界争论不休的问题。大脑中的量子相干性是一回事，大脑和环境一起处于纯粹的量子状态（即叠加态）又是另一回事。而且，"环境"其实延伸到了整个宇宙。

因此，即使我们最终证明了量子叠加并没有发生在大脑工作过程的层面上，这种纯粹的状态也意味着大脑及其环境的量子系统包含了观察者的许多可能的体验，然后通过波函数的坍缩，这些体验被"实现"为一个确定的体验。由于受试者甚至没有意识到波函数仍处于叠加状态，他们决定实现哪些体验，即进入哪些分枝是无法在准备电位出现时展开的。这个决定实际上发生在稍晚的时候，即波函数坍缩之时。

综上所述，用生物中心主义解释利贝特实验的话，我们就是使事件坍缩的介质，我们可以在分枝树中确定我们要走的那个分枝。

我们的潜意识是在意识之下的。维基百科这样定义："潜意识是发生在意识之下的心理过程。比如将无意识的内容推到意识之中，推到存在于意识之下但又能再次成为意识的联想和内容之中。"

很明显，身体会在潜意识里做很多事情，会在不经意间做出许多不由自主、反射和自动的反应，比如把自己的手从热锅上迅速移开。但这并不意味着我们所有的行为都是潜意识活动的结果，与意识毫无关系。在利贝特实验的生物中心解释中，我们的意识知觉只是选择了一条可行的路径，然后这条路径就成了我们所体验到的现实。

所以，你以前可能可以把这一切都归咎于自己没有自由意志，但现在你妻子读了这一章的内容后，将此事看得明明白白。她会双手叉腰，把你的假话戳穿："……接下来，我猜你会把这一切都归咎于一个不经意间坍缩的波函数，对吧？哼，你省省吧！"

第9章
动物的意识

因为动物自身不完备，我们就以为它们低人类一等，就以为它们命运悲惨，需要我们的保护。在这一点上，我们错了，而且是大错特错。

亨利·贝斯顿（Henry Beston）
美国著名自然文学作家

探索意识时，我们想当然地以人为中心。我们都被熟悉的事物所吸引。如前所述，我们才刚刚开始了解人类自己的意识，若想探索诸如章鱼等动物的意识，无疑会更加困难。

但是，主观体验和促进感知的过程敏锐而多样，与我们截然不同的生物当然也可以享受。它们可能拥有与人类大脑完全不同的神经结构，这种结构的设计显然是为了让意识得到集中或定位。生物体意识的神经结构经过进化，可以根据特定环境和栖息地量身定制独特的体验。

至于有意识的体验如何在非人类的生命形式中显现，人们比较熟知的，大概要数"正念"了。这要归功于初等教育的最新发展。正念这一实践可以追溯到古代的冥想传统。数据显示，该做法在提高专注力方面具有效果。刚听说这个词的人可能会认为正念就是花时间思考，但实际上它涉及相反的内容。正念要求人注意直接的感官体验，而不是对问题进行反思。如果学生确实能够观察他们所看到或听到的一切，关注当下展开的无尽细节，他们就会变得更敏锐、更热情，并从此时此地，包括从课堂体验中获得更多益处。

归根结底，人类的大脑，既可能是上天馈赠的礼物，也可能是其设下的干扰。就目前所知，这种"当下"的意识类型与其他有意识的生物体的意识类型最为吻合。

这里的"其他有意识的生物体"是指主动移动的动物，包括鸟类和昆虫，和不主动移动的动物、植物。前者的大脑、感觉器官和附属物允许它们在空间中运动和移动，后者能储存记忆并对空间环境做出反应。

正念可能会使我们与非人类动物享受更加同步的体验，但我们意识体验的差异显然不仅局限于这样的"白日梦嗜好"。有些生物体的感觉输入方式，在我们人类的意识运作的机制中完全不存在；就算存在，也可能随着时间的推移在慢慢退化。

这些感觉输入现在在我们的日常生活中扮演着微不足道的角色。一旦开始审视动物的意识，我们就会发现自己处于对陌生新世界的无尽探索之中。要知道，现实是相对于特定的观察者而存在的，就像人类意识一样，动物意识也有波函数的坍缩。其他动物独特的生理结构，使它们的选择和波函数的坍缩，沿着与我们不同的路径，以极具创造性和实用性的方式展开。

与人类截然不同的感官体验

每个养过狗的人都知道狗的大部分注意力都集中在嗅觉。这种倾向是纯粹的习惯还是有更深层次的遗传和环境原因，我们没有必要去推测。看看狗的脸就知道了。瞧瞧它那个鼻子。像我们一样，狗的鼻子也是从眼睛下方开始，但它的会向下延伸，占据大半个脸。所以狗90%的注意力都集中在环境化学上，这有什么奇怪的吗？

要闻到某种气味，必须要有至少一个这种气味物质的分子附着在鼻腔周围潮湿的黏液膜上。这就是为什么一些非常大的分子，如四环素和DNA根本没有气味。它们太大了，无法黏附在我们的鼻子上。

嗅觉非常灵敏的狗，能探测到空气中飘散的很少几个分子。研究人员估计，猎犬的鼻子含有2.3亿个嗅觉细胞，是人类的40倍。我们大脑的嗅觉中枢只有邮票那么大，狗的嗅觉中枢可以有信封那么大。

这些感觉结构不仅可以赋予狗辨别微弱气味的能力，还能让狗尽情享受气味。狗的世界是由迷人的生化排泄物组成的混合体，传达了最近出现在附近的生物的丰富信息。那狗为什么也要像我们一样依赖视觉呢？事实上，人类对颜色的感知范围比犬科动物更广。我们对光谱上的绿色部分是最敏感的，仅在这个部分，我们就能分辨出50种不同的色调。相比之下，狗无法察觉绿色、红色和黄色之间的区别。对它们来说，这些颜色都是单一的色调。它们眼中唯一有明显对比的色调是蓝色。

许多动物的意识可以创造出与人类截然不同的视觉体验。人类的视觉灵敏度比大多数动物都要好。如图9.1所示，我们人类看到的白宫是像图9.1（a）的图像，而某些昆虫集体坍缩的现实，更接近图9.1（b）的图像。

既然狗狗能看到的色彩那么少，那它完全可以用鼻子嗅嘛，为什么还要用眼睛盯着看呢？其实人和狗的意识差异，比这种有各自敏感的感知差异更大。最近，狗被证明可以感知磁场。

我们早就知道，有些动物是通过对地球微弱的磁场感知来导航的，而地磁的强度仅为0.5高斯左右。这样的动物有很多，如蜜蜂、鸟类、白蚁、蚂蚁、母鸡、软体动物、某些细菌、信鸽、奇努克鲑鱼、欧洲鳗鲡、蝾螈、蟾蜍、海龟等。这些生物的趋磁能力，是它们在某些情况下由中枢神经系统对磁小体链做出反应而引起的。这些磁小体是富含铁的矿物质，如含磁铁矿的微小斑点，被脂肪酸膜和大概超过20种的蛋白质包围着。

这种结构非常神奇，产生了如此敏锐的感觉，以至于一些动物可以在脑海中描绘出地球磁场的细微变化，绘制出它们所在位置的内部路线图。在有些情况下，磁力可以作为它们的备用导航系统。当天空乌云密布，太阳和星星都被遮蔽时，某些鸟类就是依靠磁力来导航。

狗也会表现出这种磁性天赋。因为狗在放松自己时，总是喜欢将身体按南北向安放。几个世纪以来，人们经持续的观察发现，同属于犬科动物的火狐在猛扑猎物时会表现出自己奇怪的方向偏好。如果你曾见过狐狸搜寻老鼠，

（a）人类眼中的白宫

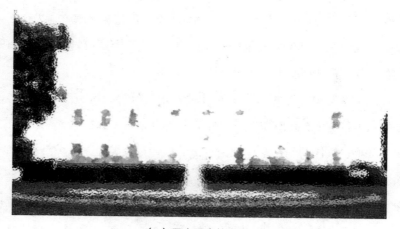

（b）昆虫眼中的白宫

图 9.1　人类和昆虫眼中的白宫对比

或在空旷的雪地上侦听从雪地下发出的声音，你会发现，它们总是向东北方向跃起的。

　　无论生物居住在什么样的群落或环境中，大自然在迎接挑战和赋予优势方面的创新似乎是无限的。

　　以红外线或热量的探测为例。人类的皮肤可以感知附近物体的温度，但这种能力只有在物体的温度超过109.4华氏度[①]或43摄氏度时才会发挥作用。相比之下，吸血蝙蝠可以在8英寸的距离和低至86华氏度，即36摄氏度的温度下探测到热量，这一范围几乎涵盖了蝙蝠会去吸血的所有哺乳动物的皮肤温度。

当然，蝙蝠最出名的是另一种感知能力：声呐。这种能力对我们来说更加陌生。蝙蝠可以不断发出一系列的声音，然后通过探测到的反射声波，了解一些飞行的猎物或它们希望藏身的洞壁的距离。蝙蝠甚至可以通过辨别回声的多普勒频移[②]来获得目标移动的信息，这与汽车喇叭或救护车警报器靠近或远离我们时，我们能感知到的音高变化相似。

这种精致微妙的天资已经足够震撼人心了，但回声定位能力在齿鲸和海豚中更是达到了惊人的完美程度，它们的声音脉冲可以穿透软组织，提供探测对象的类似X光的透视图像。

海豚还会要更多的把戏，它们有能力再现自己声呐信号的回声。这样在发现有趣的东西时，比如发现一群美味多汁的鱼时，它们就可以复制这些声音来"告诉"其他海豚自己发现了什么。在这个过程中，海豚并不是采用我们人类一次一个单词、笨拙而象征性的交流方式，它们会在其他海豚的脑中，为刚刚看到的东西创建一幅视觉图片，也许甚至能够"加粗"或"高亮"希望强调的部分。

我们可怜的人类其实还缺少另一种感知能力，那就是感知电场。科学家会对那些与高压电线相邻而居的人的健康风险进行大量研究，因为高压电线被巨大的电场和磁场所笼罩。无论用电设备是否开启，电力线缆周围，甚至家用电器和电脑周围都会有电场产生。而磁场只有在电流流动时才会产生。输电线中电流不间断，因此能不断产生磁场。

很多物体都可以屏蔽或削弱电场，比如墙壁；而磁场则可以穿过建筑物

---

① 指用来测量温度的单位。华氏度 = 32 + 摄氏度 × 1.8。——编者注
② 当移动台以恒定的速率沿某一方向移动时，由于传播路程差的原因，会造成相位和频率的变化，我们通常将这种变化称为多普勒频移。它揭示了波的属性在运动中发生变化的规律。

和大多数材料以及生物体。很多人关心人体长期沐浴在强磁场中会受到怎样的影响。尽管研究结果不尽相同，但那些暴露在最强磁场，即暴露在 3 或 4 微特斯拉磁场以上的人，患某些癌症的风险略有增加。

不管具体情况如何，已知人类的生物身体都会受到电磁场的影响，而电磁场并不是像中微子那样简单、无害地穿过我们的身体。所以说，对于具有为进化而设计的生理结构的生物来说，它们会有意识地检测到这种场，并不是没有道理的。

换句话说，当我们得知鲨鱼有一种叫做洛伦兹壶腹的器官时，我们不应该感到惊讶。这种器官可以感知电场。好几种海洋生物都有这种接收电信号的能力，但哺乳动物中只有一种，那就是鸭嘴兽。蜜蜂也可以感知电场，不过其感应方式很曲折：蜜蜂在飞行过程中会积累正电荷，花朵中经常出现的负电荷会使蜜蜂腿上的毛竖立起来，提醒它们附近有花。视觉可以进一步帮助蜜蜂定位花朵。与我们的眼睛不同，蜜蜂的眼睛可以看到紫外波长的光，而许多花朵都炫耀着只有在紫外线下才能看到的华丽、复杂的图案。

倒下的树木并不能发出声音？

到目前为止，我们探索了动物意识如何检测人类看不见的辐射。现在，我们来讨论更直接、直观刺激的检测机制——听见声音。

大多数人对声音体验的本质有误解。本书作者之一曾发表演讲，提出了可能是世界上最古老、最基本的意识问题："如果一棵树倒在森林里，没有人或动物在场听到，树会发出声音吗？"

当时要求观众举手投赞成票或反对票。结果大约 3/4 的观众投了赞成票。他们一致认为，即使附近没有生物，这棵树也会发出声音。

答案错误。这个案例很好地说明了公众对声音乃至整个意识的普遍困惑。

一棵树倒下时，物理事实是巨大的树干和无数的树枝撞击地面，会在现场周围的空气中产生扰动。快速、复杂的气压波动向各个方向辐射，随着距离的增加而减弱。在涉及特别重的物体如倒下的树，或足够大的力如爆炸之类的事件中，这些气压变化实际上人的皮肤都可以感觉到，就像短促的风一样。这就是为什么在摇滚音乐会上，失去听力的人坐在主舞台的扬声器前，也会有较强的感官体验。

这些气浪是树木倒下时产生的物理现象，本身是无声的。

但是，遇到人类或动物的耳膜或鼓膜时，气浪就让这层薄薄的组织振动了起来。附着的神经元向大脑发送电信号来响应这些膜产生的振动，大脑中数十亿个细胞被触发，产生人类或动物所体验到的特定声音。

因此，声音是从内部传来的。吵闹的声音是由我们自己的神经元产生的，这些神经元呈现的是意识体验。一棵树倒下的声音是气压变化推动鼓膜产生响应的最终结果。

显然，如果那天没有人在树林里，除了本身无声的空气扰动之外，不会有鼓膜的响应。这不是一堂哲学课，而是物理学和自然的直接事实：倒下的树本身并不能发出声音，因为声音从定义上讲是一种意识体验。

每个有意识的生物体，对一组特定振动频率的风做出什么反应，则是另外一回事。人类对频率在 20 到 20 000 赫兹之间的声音很敏感；别的生物体又可能对更大频率范围或不同频率范围敏感。所以对声音的感知，大家截然不同。我们无从知道遥远"低沉"隆隆的雷声，在猫听来是否是高亢的哀鸣。意识体验的主观本质不可辩驳，进一步证明了意识体验是一种共生现象，是"外部"自然和我们自身的混合体。更精确地讲，即使是"外部"世界，在意识之外也没有确定的独立存在。人和动物同样没有独立于有意识的观察者之外的存在，即使他们自己可能就是那个观察者。

让我们回到声音这个话题上。虽然我们对其他动物的声音主观体验知之甚少，但通过观察和技术支持，我们正在慢慢了解其他生物如何使用声音。许多生物故意发出声音来交流，就像我们一样。研究人员发现，蜜蜂和蚂蚁等群居性昆虫通常会发出 10 到 20 种不同的可识别声音，而狼和灵长类等群居脊椎动物的发声种类则是它们的 3 到 4 倍。正如生物对声音的感知是不同的一样，生物发声的方法也很多变，比如蟋蟀就靠摩擦翅膀发出声音。

一个世纪前，塔夫茨大学教授阿莫斯·多尔贝尔（Amos Dolbear）在《美国博物学家》（*American Naturalist*）上发表了一篇文章，表示人们可以通过计算蟋蟀的鸣叫声来判断温度。这有些出人意料，因为这不是他的专业，所以当时引起了不小的轰动。

该发现很快被称为多尔贝尔定律，在博物学家圈子和露营者中风靡一时。虽然他讲的听起来多少有点离谱，但如果你掌握了这个定律，就可能成为所在街区唯一拥有这种独特测温技能的人。想试试吗？

你只须数一数 14 秒内蟋蟀鸣叫的次数，再加上 40，就能知道当前的华氏温度，[①] 还有什么比这更简单呢？多尔贝尔定律在一定程度上是准确的。

至于哪种生物听力最好这个老问题……答案是飞蛾。飞蛾可以探测到比蝙蝠更高频的声音，这说明蝙蝠是它们最拼命想要逃避的生物。蝙蝠排在第二位，然后是猫头鹰，再之后是大象和狗，最后是猫。听力最差的是哪种生物？可能是蛇，因为蛇的意识更容易适应地面振动而不是气压波动。

到目前为止，这一观点已经得到证实：生物的敏感性可以利用一系列生理结构的无数种方式进行微调。理论上每种生物都可以自由地通过各式体验来关注现实。但事实上，这种自由被环境与进化的力量调整和筛选过，因此，实际中的任何特定的时刻，生物更可能将注意力集中在较狭窄的范围。

"我"的体验：意识在大脑中的体现

综上所述，虽然动物的身体是感官感知的工具，就像一个大的神经元天线，但所有的感官数据最终都是在大脑中处理的。大脑接收的只是脉冲，是由感官传到神经的嘀嗒嘀嗒的电信号。大脑接收到的是分解的信息，它会根据非常明确的规律把这些不连贯的数据重新组合起来，也就是根据时间和空间的规则，即根据大脑的逻辑来重组感官数据。

---

① 用摄氏度的话，那就数一下 8 秒内的鸣叫声，然后加 5。

时间和空间是在头脑中创建的投射，是感知、感觉和体验开始的地方。时间和空间是生命的工具，是智力和感觉的表征。即便是小小的海龟幼崽，在第一次睁开晶莹的眼睛时也必须学会使用这些工具。刚孵化的幼龟在陆地上独自游荡，爬过甜蕨的叶子和结籽的须芒草，在进入池塘或沼泽前可能要游荡一个多星期，其间它们必须依靠这些工具来确定位置和方向。

所有具有神经系统的动物都有一些相同的基本机制，这绝非偶然。除了人类之外，其他动物当然也有空间和时间上的感觉，尽管感官的"瓦数"和"使用的仪器"可能有所不同。我们可以用"瓦数"来表示感官的亮暗程度。鹰有敏锐的视力，能够处理大量的视觉信息，它的视觉瓦数高；非洲鼹鼠是"盲人"，和许多穴居动物一样，没有感受光线的器官，它的视觉瓦数低。

视觉、嗅觉、听觉、触觉和味觉是我们人类熟悉的感官"仪器"。各种动物以不同的功率强度共享这五种感官，而且正如我们所看到的，它们还可能采用人类难以凭直觉感知的其他感官。例如，大多数昆虫不像人类那样能听到声音，而是通过脚上的感觉器官感受到持续的颤动，就像蟋蟀对振动敏感的"耳朵"位于膝部。而蝙蝠之类的一些物种，则是通过回声定位来确定位置和方向。成群结队的鱼对其腹部两侧的"侧线"上的水压高度敏感，这使它们能够与邻近的其他鱼的运动同步，从而形成统一、流动的整体运动。

用生物学术语来说，大脑电路中表达的逻辑与周围神经系统的逻辑相连接，是协调的。不同动物物种之间的瓦数和仪器的差异，明确地限定了每个物种生活的空间范围。

动物和人类能够辨别出多种感官的知觉，感知身边同时存在的事物，将它们视为存在于我们体外的物体和发生在空间中的事件。比方说，即使一个人在阴天匆匆穿过昏暗的后街小巷，头顶充斥着飞机经过的聒噪轰鸣，身边弥漫着垃圾桶散发的发酵恶臭，他也依然能闻到巷外后院盛放的丁香花丛，那透过铁丝栅栏传来的芬芳气息。

然而，面对所有这些有意识的、以感官为介导的体验，面对这些无休止的感觉，我们有时会把自己置于无线电静态模式，与任何感觉都不相干，迷失在我们思想的内部世界中，直到突然意识到一个朋友一直在说话。

据我们所知，人类是唯一一种不再以这种方式关注外部意识，而是关注自己思想的动物。甚至可以说，你现在阅读本书时，就是在关注思想。毫无疑问，动物的意识和我们的不同，也许在某些方面我们只能靠猜测。相应的，动物的现实世界也有所不同，毕竟以它们作为观察者的第一人称体验不同。在某种意义上，这些差异是虚幻的。意识和波函数在我们特定的大脑中被体验为局部的、创造了"我"的体验，即所谓的"我的感觉"。

但正如我们在第 5 章中发现的，量子纠缠实验证明了物体间不可分离性，表明我的意识和你的意识、你的意识和你的狗的意识，实际上是单一意识的表征。

本书的作者之一兰札回忆道，他曾思考过这种合一性的含义：

我记得在一个温暖的夏夜钓鱼时的情形。时不时的，我感觉到鱼线在振动，它把我和在海底游荡的生命联系起来。最终，我把一条鲈鱼拉出水面。它在空中吱吱作响，张大嘴喘着粗气。

在实验中，人们反复证明粒子可以同时是两种东西。物理学家尼古拉斯·吉辛将纠缠在一起的光子沿着两条光纤分开，直到它们相距 7 英里，然后测量其中一个，发现另一个瞬间就"知道"了结果。这表明纠缠光子得以一种没有空间、没有时间限制的方式通信才可能紧密联系在一起。今天，没有人怀疑光或物质，甚至整个原子团之间的联系。瞧瞧水面上的潜鸟和田间的蒲公英就知道了。将它们分开并使它们显得孤独的空间是多么具有欺骗性。

同样的，我们的一部分与蒲公英、潜鸟以及池塘里的鱼相连。这说的是体验意识的部分，不是我们的外部化身，而是我们的内在存在。根据生物中心主义，我们个体之间的分离是一种幻觉。你所体验到的一切都是你大脑中产生的一连串信息。空间和时间只是大脑将信息组合在一起的工具。无论时空之墙看起来多么坚固和真实，不可分割性都意味着我们的一部分既不是人类也不是动物。作为这样一个整体中的一部分，都是公平的。鸟和猎物是合一的。

这就是那个温暖的夏夜，我面对的世界。鱼和我，猎物和捕食者，是一体的。那天晚上，我感觉到了每个生物与其他生物联合在一起。用一首古老的印度诗歌来说就是："在你自己和所有人心中，都有一个同一的灵魂；放逐那将部分和整体分开的想法吧。"曾经支撑我青春的是意识，支撑我成人的是意识，支撑时空中每个动物和人的思维的也是意识。

你的内心尚且感到安全，除非在一个温暖的月夜，一条鱼在你的钓竿末端拼命挣扎。

"我们都是一体的，"著名人类学家洛伦·艾斯利（Loren Eiseley）写道，"都融为一体了。"

我把鱼放了。尾巴一甩，那条鱼就消失在了池塘里。

生命大设计

—

重构

—

—

THE GRAND
BIOCENTRIC DESIGN

—

第 10 章
我们为何存在?

> 起初只有概率。宇宙只有在有人观察到的情况下才能存在。观察者在几十亿年后才出现并不重要。宇宙之所以存在,是因为我们意识到了它。

马丁·里斯
著名英国宇宙学家、皇家天文学家

几乎每个人都曾在深夜或凌晨时分问过自己:我为什么在这里?

这似乎并不是个适合用科学来阐明的问题,可你为什么是碰巧存在而不是不存在,这个问题就与本书探讨的物理学密切相关。

在探索宇宙在最基础的时刻层面上运作时,解释为何发生的是这一件事而不是另一件事,长期以来都是一个无法逾越的障碍。而量子理论的出现,让一件事变得清晰起来,那就是实验者观察到电子"向上"或是"向下"自旋的机会相等,但要确定为什么观察到的是其中一种而不是另一种,则有些难。

量子自杀实验与死亡的不可能性

20 世纪 20 年代,尼尔斯·玻尔等人提出了后来被称为哥本哈根诠释的理论。我们现在已经了解,从根本上说,所有的可能性都以"波函数"的形式在实验者及其实验室上空盘桓,隐匿于无形。玻尔说,观察行为导致波函数坍缩这件事,意味着多种可能性突然消失,取而代之的是一个确定的结果。这对不确定的量子世界如何变成确定的现实有着革命性的见解，但这种解释并没有回答在两者概率相等的情况下，为什么出现的是一个现实而不是另一个现实。

之后，耶鲁大学的研究生休·埃弗雷特在其 1957 年的博士论文中，提出了一个非凡的备选方案，即无须发生特定的单一坍缩，因为事实上每个选项都会发生。他假设，宇宙不是波函数坍缩，而是分成不同的分叉，这样所有的可能性都会展开。观察者是分叉或分枝的一部分。一个分枝中的观察者观察到电子"上旋"，另一个分枝中的观察者看到电子"下旋"，然后他们带着各自的记忆继续生活。

你会意识到这是多元世界论的解释，已经在其他章节中详细讨论过。但由于生物中心主义本质上是在埃弗雷特最初的解释上进行的改进，因此继续探索这个是很重要的。更重要的是，我们将在本章看到生物中心主义是解开生存和死亡问题的关键。

我们将从显而易见的事实开始：意识是确定的、连续的东西。根据生物中心主义，意识是宇宙的基础，不可能与之分离。我们用自己的认知经验确认了这一点，因为意识永不消失。可能有人会问："你死后意识还会存在吗？"但体验"死亡"是个逻辑悖论，你不能同时"存在"和"不存在"。意识的属性之一是在主观上从不间断。你不可能什么都体验不到，因为"体验"和"虚无"这两个词也是相互排斥的。

所谓的"量子自杀"，巧妙地说明了多世界诠释背景下的工作模式。在这种情况下，玩量子俄罗斯轮盘的赌徒总感觉自己是幸运儿。

理论家马克斯·泰格马克（Max Tegmark）对此做了很好的解释，这位教授坚信量子力学的多世界诠释。他说，设想一下，给助理一把特殊的量子枪，并让她逐次向他射击。每次扣动扳机，这只枪要么立即杀死他，要么只发出一声响亮的"咔嗒"声。如果枪只发出"咔嗒"声而没有射出子弹，助手就必须再次扣动扳机，依此类推，直到枪真正射出子弹。

在这个实验中，有两个观察角度。从助理的角度来看，几次扣动扳机后，她惊恐地看到自己杀死了教授；但从教授的角度来看，枪从没有射出子弹，每次扣动扳机，他都只是听到"咔嗒"声。这是必然的，因为与实际的俄罗斯轮盘赌用的只有一颗子弹的普通左轮手枪不同，量子俄罗斯轮盘赌使用的是基于量子叠加原理的枪。在每次扣动扳机之前，枪处于"咔嗒"声和"射出子弹"的叠加状态。

因为教授与这一切息息相关，所以初始状态是由处于叠加态的枪和处于一定生存状态的教授组成的。第一次扣动扳机之后，这个初始状态演变为这两个分量的另一个叠加状态，一个状态是"咔嗒"声和"教授活着"，另一个状态是"射出子弹"和"教授死亡"。让我们用符号来说明这一点：

$$(|扣动扳机>+|射出子弹>)|活着> \rightarrow |扣动扳机>|活着>+|射出子弹>|死亡>$$

这两种状态都是叠加波函数的分枝，构成了两个埃弗雷特世界——其中一个，扣动了扳机，教授还活着；另一个射出了子弹，教授死了。按定义，教授的意识无法进入他死去的世界，所以每次射出子弹时意识都会跳入其大脑完好无损的分枝/世界，也就是说，枪没有射出子弹的分枝。埃弗里特本人对这种实验的构想饶有兴趣，但他并没有做这个实验。他指出，即使从他的角度来看他仍然活着，但在许多世界里，他的家人得知他的死讯时，会很悲伤。

在某种程度上，我们每个人每天都在玩量子轮盘赌，每时每刻都在玩。也就是说，波函数包含许多可能的结果（哥本哈根观点）或分枝（多元世界观点）。从我们自身的角度来看，每次选择展开并坍缩波函数、揭示出单一结果时，我们总是发现自己身处意识存在的世界中。因为我们永远都会感知到一些事，不会有一段没有记忆的空白"断篇"时间出现。甚至在我们的记忆播放起它珍贵的记录时，也包含了更早的来自我们更年轻时期的"家庭录像"，尽管遥远的回忆会越来越不清晰。

我们无法再忆起过去某个时刻的事情，但并不意味着当时什么都没有，只是非常年轻的大脑缺乏保存清晰记忆的能力。因此，记忆并不是意识体验的可靠标志，尤其需要考虑的是我们可能失去意识的一段时间，如昏厥之类的情况。但我们在这样的一段时间内，根本就没有体验到时间的流逝。我们一开始只是感到头晕目眩，然后"醒了"，其间没有任何意识体验。如果深度昏迷期间也不过如此，那为什么这么多人还担心死亡会带来虚无？

科学文献早就指出，如果多世界诠释是有效的，那么从任何个人的角度来看，只要有一个可用的分枝／世界，身体结构在其中支持意识，人就会发现自己还活着。然而，在你主观感知到的生命延续的过程中，因为年龄的增长，由大脑结构支持的、年龄更大的分枝或世界的数量会减少。例如，如果你已经 140 岁，那么就没有任何埃弗雷特世界会让你感觉自己变得更老了。当没有这样的"活的"分枝存在时，波函数及其相关的意识就不能再定位／集中在你特定的大脑结构中，但它也不能停止存在，因为波函数与自然界的所有其他基本原理一样，不能消失。

根据埃弗雷特的多世界诠释，有且永远有许多其他可能存在的结构，来支持你的意识，包括一个你发现自己才 2 岁的世界，你在其中过着稍微不同的生活，那是一个平行的历史[1]（如图 10.1）。

在量子力学中，如果没被观察到，一个局域波函数就会散布在整个宇宙。事实上，根据多世界诠释，会有这么多个世界，是因为局域波函数包含了粒子所有可能的位置，而且每个位置都属于不同的埃弗雷特世界。但量子理论告诉我们，如果在观察到一个粒子后立即再次观察其位置，该粒子将保持在该位置或附近的点上。因此，如果"波包"被长期观察，它就会集中在一个位置上。

同样的情况也会发生在"大波包"上，或者更确切地说，这是与人类意识的宏观世界相对应的波包。该波函数包含许多自由度，包括许多粒子、

---

[1] 关于这一点的虚构描述，我们可以重温 1998 年德国电影《罗拉快跑》（*Run Lola Run*）的精彩内容，在《生命大设计. 创生》一书中对此进行了描述。

原子、分子、蛋白质、器官等——所有这些都与构成环境的"外部"自由度耦合。这种波函数是执行连续自我测量或观察的纠缠系统。

然而,当所有这些与你当前意识相关的雄伟结构被一个结果打破,在这个结果中,没有埃弗雷特世界允许你的意识在特定的身体 / 大脑配置中继续运作,那么测量、观察和自我反思就不再可能沿着你现有的路线进行,而波函数以一种类似于未观察到的单粒子波包的方式扩散。然后,就像一个单独的波包在重新观察时坍缩到一个确定的位置一样,我们大脑相关的量子波包坍缩到另一个具有确定体验的世界。这可能发生在你不同的年龄,或者在你做出不同决定的不同的埃弗雷特世界中。

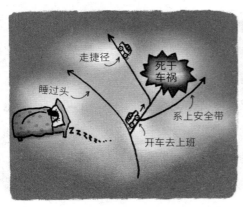
（a）死于车祸

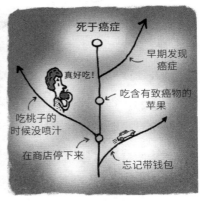
（b）死于癌症

图 10.1　个人历史的可能性示例

注:在一个分枝中发生了悲惨事件,而在其他分枝中,此人幸免于难。在每一个交叉点,意识都挂在其中一个分枝上。 例如,兰札的一个姐姐死于一场车祸,但根据多世界诠释,她的意识并未终结,而是沿着其他分枝之一继续存在。

因此,死亡这个谜一样的问题应该在这样的论述中来理解:波函数相对于观察者,代表他所处世界的体验,永远不可能停止存在,从观察者的第一人称视角来看,没有死亡。观察者总是意识得到一些事情。

这里采用的世界观中,只存在一种意识,它可以局限在特定的大脑结构中,因此可以从特定的角度体验世界。或者,它可以定位 / 集中在不同的大脑结构中，并从不同的角度体验世界。意识在特定大脑中的定位是依赖于观察者的波函数坍缩的结果。正如意识存在于你的埃弗雷特分枝之一，但也可能存在于其他支持意识的分枝，所以意识存在于一个特定的大脑或另一个特定的大脑中，这就能从不同的角度来体验世界。

在另一个人身上定位 / 坍缩的意识，与在我身上坍缩的意识，会体验到不同的世界。因为别人的意识有不同的想法，有不同的身体运动体验，有不同的环境细节，等等。

你和另一个人所体验的世界之间的差异，可能会是不同版本的埃弗雷特世界里的你的体验。现在的你和另一个平行世界的你实际上在很多方面会体验到同样的地球、同样的太阳、同样的大陆、同样的城镇、同样的人际关系等。根据环境等方面的相似性，其他观察者的世界也可以说是一样的。换句话说，与不同观察者相关的世界类似于埃弗雷特世界。

现在，如果我们认为埃弗雷特的平行世界是真实的，那么波函数坍缩到不同大脑，包括坍缩到动物大脑的世界也是真实的。这样，我们就避免了唯我论。现实是由观察者创造的，但实际上有许多现实，每个观察者都依赖于这些现实。如果假设我们的平行埃弗雷特世界只是可能性，而现实世界只是我们当前的体验，那就意味着定位 / 集中在其他大脑中的通用波函数的分枝同样不是真实的，而只是可能性。

因此，否认埃弗雷特多元世界的真实性，就代表接受唯我论，而接受埃弗雷特多元世界的真实性，则意味着否定唯我论。

最后一点,也是重要的一点：我们似乎在说知觉可以在大脑之间"跳跃"。但在通常情况下，跳跃意味着时间和空间是绝对的、外部的东西。事实上，除了你现在所体验的，其他一切都以叠加的形式存在。"时间"或"空间"只能相对于个体观察者来体验。独立于观察者意识之外的空间和时间是不存在的，这意味着在意识之外不存在线性联系。所有分枝都是意识内部的叠加，当波函数坍缩时，意识会发现自己位于其中一个分枝上。

没有意识，宇宙便不存在

本章提供了一种新的看待生命演变的方式，除此之外，我们讨论的与波函数、多元世界和意识有关的思想也可以用来观察宇宙的整体演化。特别是关于地球上的生命，我们从一个独特的角度解释了为什么你和我现在是在这里，毕竟这种情况的概率非常小。后面我们将会看到，量子自杀论在这方面比标准的"哑宇宙"模型要好得多。哑宇宙是想证明像页岩一样麻木、无感觉的宇宙，仅是随机就产生了人类和蜂鸟。

如果要在我们周围找到适合生命的条件，那在基本的化学和物理层面上，除了必须完全符合 200 多个物理参数之外，首先是生命创造的整个过程需要满足一系列"刚刚好"的要求。例如，一颗行星不能太热也不能太冷，不然就会充满辐射。地球附近如果没有巨大的月球，几乎也不可能存在生命。如果没有月球，地球的轴向倾斜将剧烈摆动，甚至可能直接对准太阳，产生人类无法生存的高温。

我们是怎么得到这个月球的？一个火星大小的天体从非常精准的方向、以正确的速度完美地撞击地球：撞击的方向让月球不停绕地球赤道运行；撞击的力道恰到好处，不会太强而毁灭我们，也不会太轻而无法形成现在的状态。如果月球"正常"地像太阳系中其他主要卫星一样绕行星轨道运行，那月球就不会在能稳定地球轴线的位置上施加扭矩。这又是一个意外（如图 10.2）。

传统的唯物主义认为，宇宙诞生于大爆炸，并在意识"之外"存在了数十亿年，直到在我们称作地球的行星上出现生命。生命以某种方式延续，最终导致了"我"意识到宇宙的这种现象。如果确实如此，那么且不谈意识是如何从物质中产生的，"我"只要还活着并且有意识，就是一系列特别协调好的事件的结果。

如果这个链条的某一环节上稍有不同，就不会有"我"和"我"的意识了。不仅宇宙尺度上的许多事情必须完全按照特定的方式发生，而且生命出现在地球上，也必须精确地进化。而且，"我"所有的祖先，即人类和动物，都必须在所有的争斗、疾病、事故、自然灾害等灾难中幸存下来；他们必须是所有战斗的胜利者，必须是所有战争的幸存者，并且在任何场合，设法将他们的基因传递给后代，直到这个链条延续到"我"的诞生。如果"我"的父母没有相遇，"我"就不会存在；如果父母的生活稍有不同，可能出生的就不是"我"，而是"我"的兄弟姐妹。

典型的男性一生中会产生超过 5 000 亿个精子，而典型的女性会产生数十万个卵子。在这数万亿种组合中，能让"我"出生的只有一种。然而，"我"有深不可测的运气赢得了这个生物彩票。

根据这一观点，"我"之所以在这里且有意识，是因为这一系列的事件正是如此演化的；如果以其他方式演化，"我"的身体将不存在，因此"我"的意识也将不存在。可能存在有其他人的外部世界，但"我"不会感知到。而且，如果宇宙演化只是稍微不同，可能根本就没有可居住的地球，也许宇宙中也没有其他可居住的地方。也许会有一个宇宙，但没有人意识到它。

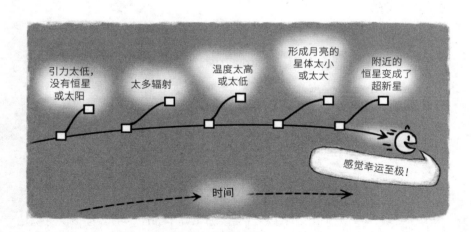

图 10.2　有意识的观察者所感知的宇宙演化

注：观察者体验到的宇宙的一系列"幸运巧合"，是叠加波函数的分枝之一，相对于观察者已坍缩。

我们已经看到，宇宙并未按照上面描绘的那种传统唯物主义情景运行。事实上，情况恰恰相反，物质和宇宙产生于宏大的波函数坍缩，是由此进入一个明确的由意识体验的世界。这就是量子自杀实验和多世界诠释背后的推理,它为我们清晰地展示出:宇宙支持你的意识,因为它必须这样。你能体验宇宙的一连串不可思议的幸运事件,是叠加波函数的分枝之一,相对于你这个观察者来说是坍缩的。就像"量子自杀"实验的教授无法发现自己处于中弹身亡的分枝中一样,你也不可能在缺乏最终支持自己意识存在的一系列事件的分枝中找到自己。

换句话说,从观察者的角度所体验到的宇宙就是他的意识。观察者所感知的外部世界在物理学中用波函数来描述;波函数表征了观察者对宇宙的认识,而不是直接代表宇宙本身。事实上,没有意识,宇宙就不会存在。

你死去的时候,会是什么样的呢?

漫步在原野中时,你可能会注意到黄色、红色和紫色的艳丽野花。这个多彩的世界构成了你的现实。当然,对于老鼠或狗来说,红色、绿色和蓝色的世界并不存在,就像蜜蜂和蛇所体验的紫外线和红外线世界,对你来说也不存在一样。

正如我们在本书中看到的那样,现实并不是生硬、冰冷的东西,而是涉及我们意识的动态过程。空间和时间只是我们的大脑用来编织信息的工具,将信息处理成连贯的体验,这是意识的语言。我们知道动物在感知上存在差异,但我们这些基于基因组的生物,都有一种共同的生物信息处理能力,那就是意识。

诺贝尔物理学家尤金·维格纳在谈到一大堆科学实验时说:"意识的内容是终极现实,是对外部世界研究导致的结论。"

波函数、多元宇宙、分枝可能性的现实,永远推动着有生命的宇宙向前发展,尤其是观察者有意识这一最终要素,都不可避免地导致有意识的体验永不停息。我们死去时,是在一个生命无法逃避的基质中死去的。生命超越了我们普通的线性思维方式,即便是因为能力的缺陷我们只能感知当前的

"世界"——那个我们唯一的分枝。

那么你死去的时候，会是什么样的呢？兰札曾在某篇文章中谈及人生结束，用到了一个隐喻，我们将在这里引用他的这段话作为本章的结束语：

> 在我们的一生中，我们都会对相识和相爱的人产生依恋，无法想象没有他们的日子会怎样。我订阅了网飞[①]，几年前，我把电视剧《超人前传》(*Smallville*)的九季都看了一遍。我每天晚上看两到三集，日复一日，连续几个月。
>
> 我看着克拉克·肯特经历青春期所有的成长烦恼、年轻人的爱情，还有家庭闹剧。克拉克·肯特、其养母玛莎·肯特和剧中的其他角色成了我生活的一部分。日复一日，我看着克拉克从高中到大学的成长过程中，使用新出现的超能力来打击犯罪。我看着他爱上了拉娜·朗，和他曾经的朋友莱克斯·卢瑟成了敌人。看完最后一集时，我感觉这些人就像都死了一样——他们世界里的故事结束了。
>
> 为了排解失落感，我勉强看了其他几部剧，比如《实习医生格蕾》(*Grey's Anatomy*)等。循环又开始了，我认识了一些人，他们是与上一部剧完全不同的人。我看完所有七季时，梅利迪斯·格蕾和她在西雅图圣恩医院的同事们已经取代了克拉克·肯特等人，成为我的世界中心。我完全沉浸在他们个人和职业激情的漩涡中。
>
> 在某种非常真实的意义上，生物中心主义所描述的多元宇宙中的死亡就像是完成一部好的电视剧，如《实习医生格蕾》、《超人前传》和《达拉斯》(*Dallas*)。只是多元宇宙里的节目集比网飞上的多得多。死亡时，你会改变参照剧目。你还是你，但你会体验不同的生活，交不同的朋友，甚至体验不同的世界。你甚至可以观看一些重拍的影视剧，也许在其中一部中，你会得到你一直想要的梦幻婚纱，

---

① Netflix，美国奈飞公司，简称网飞。是一家会员订阅制的流媒体播放平台，总部位于美国加利福尼亚州洛斯盖图。

或者医生会治愈此生缩短你爱人在世时间的疾病。

死亡时，我们的线性意识流中断。因此时间和地点的线性连接中断，但生物中心主义表明意识是多方面的，包含许多这样的可能性分枝。死亡并不真正存在于这些分枝之中。所有分枝同时存在，并且无论它们中的任何一个发生什么，都将继续存在。"我"的感觉是在大脑中运作的能量。但能量永不消亡，不能被摧毁。

即使在 JR 中枪之后，故事仍在继续。我们对时间的线性感知对自然毫无意义。

至于我，随着自己生命的波函数坍缩，我知道我还有《实习医生格蕾》第八季值得期待。

生命大设计

—— 重构 ——

——

THE GRAND
BIOCENTRIC DESIGN

第 11 章
时间之箭

时间是你自己创造的；时钟在你的脑海中嘀嗒作响。

安格鲁斯·西勒修斯（Angelus Silesius）
德国神秘主义诗人

每个故事，包括我们自己生命的宏大叙事，都需要一个结构、一个骨架。每个激动人心的故事都需要反派角色。而时间能满足以上这两个要求。毫无疑问，年轻美丽、充满活力的我们，逐渐变成皮肤干皱、关节吱嘎作响的老人，这种悲剧必然要归咎于某种原因。

长期以来，这个难言罪行的肇事者被认为是一个真实的实体。即使是牛顿这样的伟大思想家也认为，时间是具有冷漠特性的现实，是所有其他事物都必须经过的实际维度。在我们之外，流逝的时间作为绝对事物的观念，从未完全离开过人们的脑海。

在 2014 年的科幻大片《露西》（Lucy）中，由斯嘉丽·约翰逊（Scarlett Johansson）饰演的主角被注入药物后，能够超越许多身体和精神上的限制；而由摩根·弗里曼（Morgan Freeman）扮演的杰出科学家在影片的高潮部分隆重地告诉人们，只有时间是真实的。

编剧其实不可能在现代物理学著作中找到任何支持剧情的内容。不过有关时间缺乏真实性的论述从某种意义上讲早就有之，我们至少可以追溯到相对论中那些令人晕头转向的内容。

爱因斯坦的"块宇宙"

爱因斯坦的相对论认为，世界具有三个空间维度和一个额外的维度——"时间"。像空间那样，爱因斯坦把时间也当作一个维度，让大多数人感到困惑。这是因为在日常生活中，时间似乎与三个空间维度截然不同。从基本几何形状来看，线是一维的；正方形和三角形等平面形状是二维的；类似球体或立方体之类的东西是三维的。

然而，实际的物体，比如像橙子这样的事物，需要比三维更多的维度。因为它们的存在是持续的，甚至还可能发生变化。这意味着，除了三个空间坐标之外，还有一些"其他"的东西是它们存在的一部分，我们把这种东西称之为"时间"。这个四维时空连续统通常被称为"块宇宙"，包含空间和时间中的每一个可能点。这意味着其中的一切同时存在，就我们的四维橙子而言，从成熟到腐烂的各种存在时刻都是时空中的点。没有什么比"成为"的主观体验或事件按时间顺序展开的感觉更好的了。

爱因斯坦与许多科学家和哲学家一样，认为意识不属于传统物理学所描述的世界，是一种外部因素。因此，意识不是时空的一部分，而是在时空中穿行而过。观察者的意识沿着块状宇宙中的一条线爬行。这条线，被称为"世界线"，从观察者出生开始，一直延伸至其死亡。

因此，"时间"一词具有双重含义这件事情变得鲜为人知。如上所述，爱因斯坦相对论的"时间"是"坐标时"，是时空维度之一。如果我们谈论哥伦布发现美洲的那一年，或者一周前与老板的会面，或者任何过去或可预见的未来事件，我们会想到这个事件在时空中的坐标时。事件或点包括与老板会面的时间和地点，或者搭公共汽车的时间和街角。坐标时并不流动，每一刻都是时空中存在的一个点。

但在我们的日常体验中，"时间"绝不是静止的，而是不断流动、不可阻挡的。当大多数人谈论时间时，一系列在我们意识中时刻变化的事件，就是他们所指的时间。这是"演化时"，是意识体验到的时间，是不断更迭的"现在"。

对于爱因斯坦来说，这样的时间是虚构的。1955 年，爱因斯坦得知其终生好友米歇尔·贝索（Michele Besso）的死讯时，写信给贝索的家人，说："现在他比我早一点离开了这个陌生的世界，这没什么。像我们这样相信物理学的人都知道，过去、现在和未来的区别只是持久的幻觉。"

通过一个著名的思想实验，爱因斯坦阐明了时间感知的相对性。假设你坐在火车中部，而你的朋友站在外面的路堤上，看着火车呼啸而过。如果在火车的中间点通过路堤时，火车的两端都发生了闪电，你的朋友会同时看到两道闪电，因为两道闪电与他这个观察者的距离相等。

如果有人问，这位朋友会说闪电是同时发生的，这是他对时间感知的准确陈述。然而，坐在火车中部的你，看到的结果并不相同。随着火车向前行驶，你会看到闪电首先击中火车的前部，因为后面的闪电向你传播时要走过稍远的距离。这时如果有人问你，你会说闪电不是同时发生的。前面的闪电先发生，这准确地说明了你对时间的感知。

在这个以及其他的思想实验中，爱因斯坦证明了时间对于运动的人和静止的人来说，实际上是不同的，而且时间仅是相对于每个观察者存在的。在此案例中，你的观察和你朋友的观察，没有哪一个比另一个"更正确"，因为这里没有客观的视角，只有两种不同的感知。

观察者创造了时间

生物中心主义进一步指出，观察者不仅感知时间，而且简直就是时间的创造者。大多数人理所当然地认为，我们的头脑所拼凑出来的就是现实。我们把梦理解为一种心理构念。涉及生活时，我们相信对时间和空间的感知是绝对真实的。但事实上，我们已经从书中得知，空间和时间并不是物体。时间只是我们在空间中观察到的事物的有序结构，就像在头脑中放映的电影画面一样。

根据生物中心主义，这些心理构念基于算法或复杂的数学关系，其物理逻辑包含在大脑的神经回路中。大脑使用特定的算法，将充斥着感官的大量感知转化为连贯的、生动的体验，这是意识的关键。这些算法还解释了，为什么时间和空间实际上是与观察者相关的物质本身的特性。

归根结底，生命就是运动和变化，而运动和变化只有通过时间的表征才能实现。每时每刻，我们都处于被称为"箭"的悖论的边缘。2 500 年前，埃利亚的芝诺（Zeno of Elea）首先提出了这一悖论。由于没有任何东西可以同时处于两个地方，他推断，在飞行的任何给定瞬间，箭只能在一个地方。因此，在每一个瞬间，箭头都必须出现在其运动轨迹上的某个特定位置。但这样的话，箭就必须暂时处于静止状态。因此，从逻辑上讲，当箭从弓飞向目标时，发生的并不是运动本身，而是一系列独立的静态事件。箭头向前移动体现了时间的流逝，这表明时间不是外部世界的特征，而是我们头脑中某种东西的投射；时间将我们正在观察的事物联系在一起。

2016 年，本书的作者之一兰札，与当时在哈佛大学工作的理论物理学家德米特里·波多尔斯基（Dmitriy Podolskiy）合作，发表了一篇科学论文，刊登在《物理学年鉴》（Annalen der Physik）上，作为封面要闻（图 11.1）。碰巧，这本杂志曾发表过爱因斯坦的狭义相对论和广义相对论。这篇论文阐释了时间之箭以及时间本身是如何直接从观察者，即我们人类这里出现的。时间并不存在于身体"之外"，嘀嗒嘀嗒地从过去走向未来，而是具有涌现性，依赖于观察者保存所经历事件信息的能力。

毫无疑问，时间是一个关系概念，事件与事件之间都是相对而言的。我们所体验的时间如果没有与另一个时间点相关联，就没有任何意义。因此，时间需要有记忆的观察者。如果观察者没有记忆，就不可能拥有任何关于"时间之箭"的概念。[①]

光阴如箭，这个比喻可以追溯到几千年前。这个词之所以出现，是因为我们体验到的时间显示出一种方向性，它只能往一个方向变化且不可逆。汽车发生交通事故时，车上的金属可能会弯曲变形，但是受损的车辆不会发

---

① D. 波多尔斯基和 R. 兰札：《物理学年鉴》第 528 期（9-10），第 663-676 页，2016 年。

生逆转，因为金属材料不会自行修复。对于早期的图像设计师来说，没有任何物品能像飞箭那样完美代表时间的这一特征和限制，时间是一条严格的单行道。因为很少观察到马或鱼以尾巴当先，向后行进，要不然设计师也许还可以使用面向某个特定方向的马或鱼的图像来表示时间。

图 11.1　波多尔斯基和兰札关于时间之箭的论文成为《物理学年鉴》的封面要闻

注：该杂志发表过爱因斯坦的狭义相对论和广义相对论。那篇关于相对论的论文中，爱因斯坦表明，对于观察者而言，时间是相对的。而兰札他们的这篇新论文更进一步认为，观察者创造了时间。时间之箭取决于观察者的属性，尤其是我们处理和记忆信息的方式。

但罕见并非不可能。自然界的许多物体都有这种可能。闪电可以理解为从云层到地面，也可以理解为从地面到云层。不管怎么说，你都无法从视觉上区分闪电的前端和末端。但箭永远都是单向的，箭头总是引导方向；即使箭直直地朝天上射出，而后开始下落，箭头也会很快掉转过来。

但是，时间，我们所体验的飞箭一样的时间，到底是想法还是现实？

遍及宇宙发展进程的熵

时间的现实性似乎对任何涉及变化的事物都是不可或缺的，比如洞穴中的钟乳石，就算生长非常缓慢，也需要花费 500 年的时间来生长一英寸。但最有可能为历代物理学家提供时间真实性证据的，是热力学第二定律。该定律描述了熵（entropy），即结构和秩序向混乱、无序方向发展的过程。

以一杯加冰的苏打水为例。起初，大家可以看到杯子里有区分明确的结构。冰块漂在水面上，露出水面一点。杯中不时有气泡出现。冰和汽水温度不同。但是过一会儿，你会发现杯子里全都是水了，冰块都融化了，杯子里只剩下不可区分结构的水。温度不变了，在原子水平上能量交换或多或少地停止了。派对似乎停止了，因为变化结束了。除了蒸发，否则这杯苏打水不会发生任何进一步的变化。

这种从结构、秩序和活性向均匀性、随机性和惰性的演变，被称为熵增。熵是物理学中最基本、最重要的概念之一，是遍及整个宇宙的进程。从长远来看，这个概念甚至可能在宇宙学上起决定作用。今天，我们看到像太阳这样独特的热源还在向周围寒冷的环境中散发热量和离子，但这种机制正在慢慢消解。

正如热力学第二定律所描述的，熵增就如同汽车在交通事故中被挤压变形一样，是一种不可逆的机制。因此，如果没有时间的方向性，熵就失去了意义。事实上，熵定义了时间之箭。没有熵，时间的概念根本没有存在的必要。

有趣的是，多年来物理学家一直认为熵证明了时间的存在，但真正发现和发展热力学三定律的科学家路德维希·玻尔兹曼（Ludwig Boltzmann）本人并不认同这一观点。

玻尔兹曼运用他的统计力学领域特有的严谨逻辑，坚持认为熵的只增不减，正是生活在一个无序状态主导的世界里的我们所必须遵守的法则。玻尔兹曼总结道，分子"以相同的速度和相同的方向"运动，是"最不可能想象的情况……一种极其不可能的能量分布"。

想象一下，有人递过来一副牌，所有数字都严格按顺序排列；每套花色被分开了，就好像刚从盒子里拿出来一样。你能相信这是一副洗过的牌？它只是碰巧以这种特定的顺序排列，而不是有人刻意排好的，你信吗？因为无序状态的可能性比有序状态多得多，所以最大的无序状态是最有可能出现的。

事实是，在宇宙中任何的井然秩序都显得与众不同，总是需要被解释其形成的机制或过程；而随机的分布则不需要解释，因为这就是世界的运行方式。粒子被允许随机行动时，无论是作为一杯加了冰块的苏打水，还是构成房间里空气的无数原子，都会相互撞击、交换能量，直到它们的位置和速度完全随机。

所以，熵不需要什么"箭"，它只是普遍随机行为的副产品。热力学第二定律指出熵永远不会减少，这是统计概率的必然结果，完全不需要外部实体来指引其演进方向。

同样，那些对我们的自然界运动做出了最基本解释的科学家，比如发展了牛顿运动定律、狭义和广义相对论以及量子理论等的杰出科学家，他们都发现，他们的方程都独立于时间流逝的概念而发挥作用。这些方程是"时间对称的"，意味着向后操作和向前操作一样容易。时间之箭在其中没有位置。[1]

信奉形而上学的人也质疑时间的真实性，不过他们遵循了完全不同的路线。他们说，所谓过去仅是存在于头脑中的想法，只不过是思想的收藏集，每次思考都只发生在当下。未来同样只是一种精神构念、一种预期。严格地说，思考本身发生在"现在"，那么时间流在哪呢？

为什么我们会不断变老？

撇开统计、方程和形而上学不谈，时间并非一个存在于我们这些观察者之外的独立实体，这一点不应该让人感到太过惊讶。除了观察者，还有谁体

---

[1] 这些方程中的"时间"不是演化时，只是坐标时。在广义相对论中，即使是作为坐标的时间也失去了作用，这导致了量子引力中著名的"时间问题"，我们将在第 14 章讨论该问题。

117

验过变化呢？正如我们所看到的，如果没有观察者，现实根本就不存在。可以更加肯定的是，现实不可能作为一系列交织在一起的事件，以线性演化的方式存在。

尽管如此，我们这些有意识的生物，体验到的时间仍像一条永远流淌的长河。长期以来，人类一直沉迷于这条长河，而且我们热衷于想象其倒流的情形。任何单向过程如果不知怎么地朝着"错误"的方向运行，必然会幻化出奇异的后果。和时间一样，引力是一种单向现象，因为它拉而不推。引力的这种严格的方向性在人类经验中是如此根深蒂固，以至于科幻作品中很容易出现水从下水道中螺旋上升等怪异的画面。

20 世纪 50 年代末，美国宇航局确信，破坏或抵消引力的力可能会给人类带来严重的，甚至致命的后果，这就是在将宇航员送入太空之前，人类先发射黑猩猩试飞的原因。逆转时间之箭的潜在影响，一直是许多科学争论产生的根源，例如关于结果是否可以先于原因，以及这可能意味着什么。

正如我们在本章开头所指出的，时间之箭常常被塑造成生命的恶棍，犯有夺走我们青春的罪行。2008 年的电影《返老还童》(*The Curious Case of Benjamin Button*) 中探讨了打败时间之箭的主题。这部影片改编自弗朗西斯·斯科特·菲茨杰拉德于 1922 年所著的同名小说。电影中，主人公布拉德·皮特出生时是一位老年人，随着时间的推移逐渐变得年轻。这部电影大受欢迎，让很多人开始思考时间之箭及其含义。

令科学家们困惑的是，物理学的基本定律对时间方向没有偏好，并且对于向后的事件和向前的事件一样有效。然而，在现实世界中，咖啡会冷却，汽车会抛锚，不管你照多少次镜子，永远都不会看到自己再变年轻。我们的日常体验和科学真实之间存在严重矛盾。如果时间是一种幻觉，那我们为什么会变老？如果物理定律在任何方向上都同样适用，那我们为什么只会体验变老？

答案再次取决于我们观察者，特别是我们的记忆功能。如果从牛顿到现代量子力学的方程中，时间真的是对称的，那科学应该会说，我们能"记住"

未来，就像经历过去一样；但是"从未来到过去"的量子力学轨迹会与记忆的擦除有关，熵的减少导致我们的记忆和观察到的事件之间的纠缠减少。因此，如果没有信息从大脑中删除，你将无法回到过去；如果确实经历了未来，我们就无法将关于这些经历的记忆存储到我们现在的"记忆"中。相比之下，如果你通过常规的单向路径"过去—现在—未来"来体验未来，那么熵的随机过程会继续，而你只会继续积累记忆。

因此，衰老也不能证明时间之箭是一种外部力量。时间似乎真的不存在于意识之外；正是意识本身，具有类似记忆这种允许进行比较的机制，引领了时间的出现，就像日出驱散黑夜一样。

在生物中心主义的世界里，"无脑"的观察者，也就是说，没有能力存储观察到的事件记忆的人，不会感受到一个我们在其中变老的世界。但比这更进一步和更深远的是，"无脑"的观察者不仅不能体验时间，而且对于他们来说，时间在任何意义上都不存在。如果没有有意识的观察者，时间本身就不存在。

换句话说，衰老真的都只发生在你的脑海中。

生命大没计

—— 重构 ——

THE GRAND
BIOCENTRIC DESIGN

第12章
在永恒的宇宙中旅行

时间和空间不过是眼睛制造的生理色彩。

拉尔夫·沃尔多·爱默生（Ralph Waldo Emerson）
美国思想家、文学家、诗人

我们都是时间旅行者，从早上起床到晚上睡觉，从早上9点上班到下午5点下班；从8月下旬去度假到两周后回到家，觉察到第一丝秋天的气息。从时间上看，我们的一生就是一场从出生到死亡的时间旅行。

在经典电视剧《神秘博士》（*Doctor Who*）中，来自加里弗雷（Gallifrey）星球的一位两千岁的"时间领主"乘坐名为"塔迪斯"（TARDIS[①]）的飞船穿越了时间和空间。虽然时间机器塔迪斯外表看起来就像一个普通的英国警察电话亭，但其内部高深莫测的技术，足以操控物理定律，穿越时空，造访事发现场，诸如1814年的伦敦、侏罗纪时期，甚至是遥远星球上的未来城市。

我们能否像这位博士一样在时间中来回穿梭？我们能否建造一辆不仅能在三维空间，而且能在四维宇宙中运送我们的敞篷车？当然，以这种方式谈论"时间旅行"，指的都是沿着坐标的时间旅行，不同于我们每天从早到晚那样沿着生命之路不停前行的意识旅行。这种意识旅行通常被称为"时间流逝"，尽管时间不会流逝，但我们的知觉会沿着时间坐标前行。

---

① "TARDIS"一词是 Time and Relative Dimension in Space 的首字母缩写，表示时间和空间的相对维度。——译者注

我们有希望回到过去吗？

在经典科学中，人类把所有事物都放在一个线性连续体——时间上。于是，宇宙大约有 140 亿岁，地球大约有 40 亿到 50 亿岁，而我们自己也有 20 岁、45 岁或 90 岁之类的年龄。外在机械宇宙论的共识是，时间是独立于我们的时钟。生物中心主义则不这样认为。正如物理学家斯蒂芬·霍金指出的，"没有办法将观察者从我们对世界的感知中移除"。我们所感知的世界是由我们创造的。霍金相信，我们创造的不仅仅是现在的现实，也是宇宙许多同样可能的历史和可能的未来。请记住他说过的这句话："在经典物理学中，过去被当作一系列明确的事件存在。但根据量子物理学，过去就像未来一样是不确定的，只以一系列的可能性存在。"

我们被告知，意识和世界上的一切都像射出的箭一样，一去不复返。但在上一章中，我们看到这支箭不是意识之外的东西，而是由意识创造出来的。一组惊人的实验表明，过去、现在和未来是纠缠在一起的，你现在做出的决定可能会影响过去的事件。

当然，我们指的是第 7 章讨论的那种"延迟选择"实验，这些实验最初是由惠勒设想出来的。在 2007 年，此类实验终于得以实施，并发表在《科学》杂志上。再看看第 7 章的插图和细节吧。其实简单地说，科学家们将光子射入了一个装置，并且让你看到他们可以反向改变这些光子是粒子还是波的行为。光子经过装置中的一个岔路口时，必须"决定"做些什么。但在光子走过岔路口近 50 米之后，实验人员通过拨动一个开关，就可以决定过去光子在岔路口处的选择。

这类实验的结果，对我们来说都有不小的启示。但我们大多数人，可能需要一段时间才能完全理解过去并非不可侵犯。就像未来一样，过去也是由当前事件决定的。

更重要的是，按照这个逻辑，我们可以得出更进一步的结论：过去发生的事情可能不只取决于你现在做的决定，也可能取决于你还未采取的行动。

根据惠勒的说法，"量子原理表明，从某种意义上说，观察者在未来将要做的事情，决定了过去会发生什么"。量子物理学告诉我们，物体在被观察时会坍缩成确定的现实，而在此之前一直处于悬停状态。惠勒坚称，当我们观测到遥远的类星体在星系周围弯曲的光时，实际上我们已经建立了一个巨大尺度的量子观测。换言之，现在对入射光线进行的测量决定了光在数十亿年前所走的路径。这也反映了第 7 章中描述的实验结果，在该实验中，当前的观测结果决定了孪生的另一粒子在过去做了什么。

2002 年，《探索》杂志派了一名记者到缅因州采访惠勒。惠勒说，他确信，宇宙中充满了还没有与任何事物互动的"巨大的不确定性云"。他说，在所有这些地方，宇宙"非常广袤，包含着过去尚未成为过去的区域"。

任何没被实际观察过的东西都存在流动性，也就是具有一定程度的不确定性。当你观察当前的世界导致概率波坍缩时，过去的一部分就被锁定了。但是仍然存在一些不确定性。例如，你脚下土地中埋藏的东西。在你观察到下面埋藏着什么之前，构成这些东西的粒子有一系列可能的状态，直到被观察到才具有真实的属性。

因此，现在才被确定的现实，怎么可能存在过去？你在脚下挖个坑，可能找到一块漂砾①。如果真是这样，过去导致这块石头正好在那个地方的冰川运动，就会在你发现它的那一时刻凝聚成确定的事情。这块石头的过去只是现在的时空逻辑，包括与你意识坍缩的现实分枝相对应的地质历史。

总结为一句话：现实始于观察者，也终于观察者，无论你说的是现在的现实还是很久以前的现实。"发生在遥远宇宙中过去的某些事情，"惠勒说，"我们是参与者。"

就像你后院的漂砾和惠勒的类星体发出的光一样，诸如谁杀死了肯尼迪这样的历史事件，也有可能取决于尚未发生的事情。你只掌握有关该事件的信息片段，该事件仍然存在充分的不确定性，比如说是一个人在一种情况下，也可能是另一个人在另一种情况下。历史是生物现象，这正是你作为动物观

① 被冰川带到别处的大小不一的石块，统称漂砾。——译者注

察者所感知的逻辑。你有多种可能的未来，每一种都有不同的历史。也许你今天做出的选择会影响到你出生之前的事件，比如改变建造大金字塔时发生的事情。

当亚里士多德说"上帝只否认了一件事：那就是改变过去的力量"这句话时，显然没有预料到量子力学的存在。

改变过去是一回事，那我们有希望回到过去吗？

"祖父悖论"：无法被改变的过去

我们在当下的世界中生活和死亡。但是，一旦科学完全理解了用来构建时间和空间现实的算法，这种情况可能会发生改变。时间本身并不存在，如果我们能够产生基于意识的现实，那么穿越到过去和未来就是可能的。如果我们随后改变算法，让时间不再是直线的，而是像空间一样是三维的，意识将能够在多元宇宙中移动。基思·劳默（Keith Laumer）的科幻小说《时间的另一面》（*The Other Side of Time*）生动地说明了这种穿越多元宇宙的旅行可能是什么样子。

科学文献中已经探讨了涉及更多时间维度的理论。普遍的共识是，多维时间是不可能的。因为分析回到过去的可能性，他们会发现多维时间引起了因果矛盾。人们理所当然地认为，任何出现因果悖论的理论在物理上都不符合规律，必须予以摒弃。这就是超光子①理论的命运。狭义相对论可以扩展到包含超光速，但奇怪的是，只有在假设空间和时间都是三维时，扩展后的相对论公式才成立。

因此，虽然三维时间允许时间旅行，但人们也普遍认为三维时间旅行本身会带来悖论，比如经典的"祖父悖论"。在这个著名的悖论中，假设有人回到了过去，并且在他的祖母怀孕前，把他的祖父杀死，那这位时间旅行者永远不会出生，也就根本谈不上回到过去杀死祖父了。

---

① tachyons，运动速度超过光的粒子。

改变过去可能会引发许多类似的悖论和矛盾。例如，可能回到过去并杀死还是婴儿的自己，以及著名的"希特勒悖论"，杀死阿道夫·希特勒会抹去你回到过去杀死他的理由。抛开悖论不谈，在过去杀死希特勒会对当今世界上的每个人产生巨大的影响，尤其是对那些出生在"二战"和大屠杀之后的人。如果你杀死了希特勒，他在这之后的几年里的所作所为，不管是好是坏，就都不复存在了。数百万本来会死去的人现在可能还活着，更不要说还有无数其他难以预测的变化：相遇并有过孩子的人可能永远不认识彼此；整个国家可能以不同的形式存在，或者根本不存在；不仅原子弹，可能其他技术也永远不会被发明出来。整个历史进程将变得截然不同。

这个问题在电视连续剧《神秘博士》中探讨过，人们恰如其分地将这一集命名为"让我们杀死希特勒"。剧中博士的飞船迫降在德国，就在一个人形机器人准备杀死希特勒的时候，博士和他的同伴前去救助过去的希特勒，为的是拯救他们自己的未来。类似的窘境贯穿了《终结者》(*The Terminator*)和《回到未来》(*Back to the Future*)的情节主线。在这两部电影中，时间旅行者随意造访过去，可能会重新安排旅行者来自的未来。

尽管有人试图巧妙地绕过这些障碍，但时间轴矛盾对于经典概念中的时间旅行来说，确实是个问题。但是，如果量子力学的规则适用于宏观世界，所有这些悖论就都会消失。没有单一的过去，也没有多种可能的未来。根据多世界诠释，如果能回到过去，你只是创建了多个可选择的时间线或平行宇宙。无论是拨动开关还是转动时间机器的刻度盘，始终只是你在体验。不可能有悖论，因为你在过去改变的任何事件都会产生符合已知量子力学定律的平行宇宙。无论你居住在哪个宇宙，你都是以自己的身份居住在那里。

朝未来的时间旅行有望实现

当然，朝向未来的时间旅行完全是另一回事。由于避免了上述令人讨厌的悖论，所以在经典物理学中，其理论机制也相对简单。我们从爱因斯坦的狭义相对论中得知，时间以不同的速率流逝，具体速率取决于物体运动的速度。接近光速时，这种"时间膨胀"会变得很大。例如，对于时速为 5.8 亿英里的人来说，时钟的运转速度是静止状态下的一半。因此，经过一段时间的快速前进，途中你不会过度衰老，所以你只需要以接近光速的速度旅行一段时间，就可以转身回到你想要"回到的未来"。

虽然以这种方式前往未来在理论上是可能的，但仍有一些"不那么显眼的"障碍。例如，爱因斯坦证实，质量会随着速度的增加不断增加，因此任何有重量的东西都无法达到光速。在接近光速时，甚至一片羽毛的质量都可能超过一个星系。如此巨大质量物体的速度要想进一步加速到光速，那所需的动力是不可能获得的，因为其消耗的能量比宇宙中所有的能量都要多。事实上，在接近光速的情况下，一粒芥菜子的质量都可能会被放大到超过整个宇宙。

理论上来说，向未来的时间旅行也可以通过利用引力的特性来实现。爱因斯坦的广义相对论告诉我们，影响时间快慢的不仅是运动，在更强的引力场中，时间的流逝也会更慢。地球上的时钟，比如休斯敦任务控制中心的时钟，要比月球上的时钟稍慢一点。其实在宇宙中，某些地方的短短一秒钟就相当于地球上 100 万年的时间流逝。

不幸的是，通过引力时间膨胀的方式在时间上进行任何长距离的旅行，都需要采取极端的，甚至可能是致命的措施，比如以极快的速度在靠近黑洞的轨道上运行，或者前往中子星。当然，要做到引力时间膨胀，你需要一台具有比地球重 100 万倍的球形机器。即便是能够建造一艘星际飞船并成功抵达，你站在中子星上时也会被压扁，就像那只歪心狼怀尔，在追赶一只名叫哔哔鸟的走鹃时，被一块落在身上的巨石压扁一样。

利用时空的奇异结构，科学家还设想出了一些更著名的、理论上的时间旅行方式。比如能够产生所谓"封闭时间环"的"虫洞"，可以让粒子回到过去并与自己相遇。虽然广义相对论方程允许这样的事情发生，但如果没有能达到条件的奇异材料，就不可能构建虫洞，而自然界中尚未发现理论上的这样的材料，至少目前还没有。当然，在大多数这些理论中，旅行者并不能回到"时间机器"本身建造之前的时间。

总之，无论是因果悖论还是实际困难，想要根据经典物理学来制造出《神秘博士》中那样穿越时空的机器是不可能的。量子理论的发现既为其中一些问题提出了耐人寻味的解决方案，也表明过去和未来本身并不是看起来那样明确而独立的现实。如果我们完全吸纳生物中心主义的原则，在方程式中加入生命来转变世界观，事情会真正变得有趣。不将时间和空间看作外部物理对象，而是看作动物，更确切地说是看作生物来理解世界，就可能为时间旅行打开全新的愿景。

我们已经看到，在拥有许多可能历史的多元宇宙和平行宇宙中，因果悖论根本不存在，时间旅行是很有可能的。但是，"旅行"这个词本身就意味着运动到完全不同的地方，挑战将质量（即我们的身体）和思想（即我们的意识），物理地转移到空间和时间的新位置。如果发现时间旅行不需要转移到"那边"的某个地方，而只是体验"就在这里"的另一个方面，会怎样呢？

根据生物中心主义，空间和时间是相对于观察者而言的——我们携带着时间、空间，就像海龟携带着外壳一样。如果你接受空间和时间都不是独立存在的，它们是构成我们意识的算法不可分割的功能，那么很显然，穿越任一维度的"旅行"，最终可能根本不需要任何形式的现实旅行。

随着新的生物中心范式进入技术应用，时间旅行很可能指日可待。

生命大设计

——

重构

——

——

THE GRAND
BIOCENTRIC DESIGN

——

第 13 章
自然之力

宇宙是灵魂的外在化。无论生命在哪里出现，宇宙都会在其周围环绕。

拉尔夫·沃尔多·爱默生

认真思量宇宙的时候，我们总会发现其中存在许多惊人的"巧合"。但是，一旦完全掌握了看似浩瀚、遥远的宇宙与我们自己思想之间的密切联系，所有的巧合就会从莫名其妙的怪事转变为意义深远的启示。

前面我们说过，宇宙是个信息系统。实际上，宇宙或多或少就是观察者的时空逻辑，也就是自我。仅此一点就解释了，为什么自然法则和原本可以取任何值的自然力，都为了我们的存在而保持着精细的平衡。这就是为什么，像强核力这类力的取值被限制在极狭窄的范围内，这样的范围恰好让我们体内的原子核可以结合在一起，但又不至于导致质子之间发生灾难性的合并，以及解释了为什么引力正好是太阳点燃和聚变进行所必需的，也是产生制造生命体的基础碳原子所必需的。

爱默生问出"人类胚胎的眼睛，难道不是对光明的预知吗？"这个问题时，就是在感知这种亲密的联系。这就是我们为什么要努力去理解宇宙的一切是如何相互协调的，因为在某种程度上，这就像了解计算器中的运算规则。只不过在这种情况下，我们想了解的是自己头脑中的内部逻辑，掌握其看不见的机制，看看它们是如何轻松地构建各种时空现实的。

在本书的前面，我们探讨了意识的工作机制，从大脑神经回路中量子水平的离子动态开始，一直到这种意识过程如何坍缩成了我们所看到的物理世界；接下来说明了观察者决定现实，时空机制通过意识显现为实象，三维对象和事件实际上可以在空间中从量子领域被外推到宇宙的边缘，从时间上可以一直追溯到我们祖先留下的那些被大海淹没的足迹。

当然，宇宙学家们已经了解了熔融地球的故事，并将其演化追溯到了蛮荒的过去，从矿物逐渐回归到物质的低级形式——等离子体和原子核、夸克，再到大爆炸。其实如果能回到过去，我们可能会观察到宇宙学家预言的事件，即便不能知道全部，至少也能知道其中的大部分。

但是，正如我们已经看到的，物理现实始于观察者，也终于观察者。所有时间地点、所有物体、所有事件都是想象的产物，仅用于将感知统一为一个逻辑整体。假设我们能够到达那里并存活足够长的时间来观察宇宙，那你就把宇宙想象成一个教室里的地球仪吧，它不过是理论上可以体验的一切事物的表征。

时空的幻觉体验

本章的目标之一是解开大脑用来产生这种时空体验的逻辑。在体验意识的同时，大脑会使用一种算法、一种数学规则，以提供精确的逻辑来定义和激活这个构造。我们不妨从电磁波的逻辑开始。

电磁波以精确的数学方式定义了空间和时间的相互关系。爱因斯坦在其开创性论文《论运动物体的电动力学》（ On the Electrodynamics of Moving Bodies ）中，发现了理解实体物质和电磁波之间运动方式差异的方法。他创立了狭义相对论，一方面统一了空间和时间，另一方面也统一了物质和能量。

爱因斯坦的研究结果被浓缩为著名的公式 $E = mc^2$。该公式表示，无论选择什么单位制，物体的能量都正好等于其质量乘以光速的平方，例如厘米·克·秒制的能量单位用尔格（ ergs ），质量单位用克（ g ），c 表示以厘米/秒为单位的光速，那么物体能量就等于单位为克的质量乘以单位为厘米/秒的光速的平方。

该公式在数学上是优雅的，且是完全正确的。第二次世界大战期间，第一颗原子弹的火球就生动地说明了这一点。纯属巧合的是，在三位一体①和长崎（Nagasaki）这两个爆炸装置中，每枚核弹的14磅钚中只有1克转化为能量并消失了。然而，这一克就足以制造出一次巨大的爆炸，大到让世界上曾出现过的一切爆炸都相形见绌。这也是一次强有力的物理演示：把数字"1"代入 $E=mc^2$ 方程中的质量 m 时，就说明1克就能转换成相当于21 000吨TNT的能量，这恰好就是长崎原子弹的当量。

爱因斯坦将描述电磁学的方程，即所谓的麦克斯韦方程和物质运动统一起来时，需要引入一个四维连续统，这个四维连续统可以将空间和时间结合起来。

赫尔曼·闵可夫斯基将爱因斯坦的假设带到他的数学结论中，提出了时空的概念。时空是一个四维空间，其中的点需要4个数字才能完全确定：3个空间坐标，1个时间坐标。在这样一个四维框架内来表述，光与物质的联合理论变得协调起来。

因此，时空中的每个事件都由表示其空间位置的3个坐标加上被称为"时间"的额外坐标来描述。所以安排与某人的约会时，我们不仅要指定地点，还要指定时间。

但可惜的是，在命名第四个坐标——"时间"时，爱因斯坦和闵可夫斯基使用了一个概念，这个概念与我们对"成为"（becoming）的主观感受有关，即我们对事件发生的体验是一个接一个，按顺序发生的。但是，正如第11章所解释的，我们的主观"时间"与时空连续统的第四个坐标并不相同，现实不可能作为一系列交织在一起的事件，以线性演化的方式存在，这是试图

---

① Trinity，三位一体核试，亦有音译作托立尼提核试或特里尼泰核试，是人类史上首次核试验代号，由美国陆军在1945年7月16日于新墨西哥州索科罗县的托立尼提沙漠举行。此次核试验的直接结果就是加速了太平洋战争的结束，标志着人类进入原子时代。——译者注

理解爱因斯坦的外行人永远困惑的根源。

因为在时空连续统的"块宇宙"中，一切都同时存在，没有动态，没有"成为"的主观体验，也没有按时间顺序展开的事件。因此，狭义相对论的块宇宙当然与人类实际观察到的不一致。我们不会同时观察到过去、现在和未来。我们观察到的是时间在我们的意识中一点一点地展开，事件一个接一个地发生。物理学家认为时间的展开是一种"幻觉"，这种现象只发生在意识中。对他们来说，这不是物理学的一部分。然而，这种表述在他们没有意识到的情况下，触及了存在的最基本事实。

说得更详细一点，本章中反复出现的"幻觉"一词，实际上是指意识的参与是与宇宙的运作紧密交织在一起的，而块宇宙的描述是不够的。要使科学发挥作用，就需要一种额外的要素，这种看似怪异的要素就是意识，它并不是物理学的既定部分。

早在 20 世纪初，物理学家就隐约意识到了这一点，而量子力学的出现，也让这一点变得越来越清晰。除非将意识加进来，否则量子力学就没有多大意义。即使在一个世纪后的今天，科学家们仍然不愿意接受这一事实。显然，我们的科学文化就像哥白尼和伽利略同时代的人的一样，对其范式的根本变化持抵制态度。

根据量子力学，不仅是时间的展开，外部事件的存在，乃至整个宇宙，在某种意义上都只是观察者的幻觉。正如生物中心主义所强调的那样，实验或观察的结果就是观察者头脑中的意识。从真正意义上讲，"外部"这个词是一个空洞的术语，因为对于意识或观察者的大脑来说，没有什么是外部的。

因此，"幻觉"以几种方式产生。狭义相对论将"时间"作为时空连续统的第四个坐标，在某种意义上也是虚幻的，因为它根本就不是真正的时间。只有用时钟指针的位置来描述时，它才是"时间"。移动的指针可以指向钟面上的任何位置，但这些位置对应的时间都存在于时空中。决定时钟的指针现在指向哪个位置的正是意识。狭义相对论的这一缺陷需要进行某种修正，引入一个额外参数来解释我们"成为"的主观体验。

现在，许多物理学家已经意识到并认真仔细地研究了这一缺陷。这些研究始于恩斯特·斯图克尔伯格（Ernst Stueckelberg）最初的提议。劳伦斯·霍维茨（Lawrence Horwitz）介绍了二者的区别（我们在第 11 章中讨论过），即构成时空第四维的坐标时与额外参数相关的演化时之间的区别。

"能量的背后一定隐藏着什么东西"

正如我们上面所说，时空点与事件相关联。但这些点究竟是什么？事件可以是一个粒子撞击另一个粒子的地点和时间。例如，光子从原子发射并到达观察者的眼睛，带给了观察者有关原子位置的信息。但根据量子理论，原子的位置是"模糊的"，因为原子处于许多可能位置的叠加态。

意识的任务就是确定哪些可能的位置成为观察者知觉中的实际位置。通过观察行为，观察者的大脑创造了这样的知觉：在某一位置和某一坐标时，光子从原子中散射出来。另一个光子可能会到达，然后又来了一个。但是，如果大脑中没有一种机制来依次对这些事件进行排序，以便逐一体验，那么所有这些体验将混杂在一起：过去、现在和未来。

大量光子的聚集态在宏观尺度上表现为电磁场。这种电磁场可以是电磁波的形式，如无线电波、红外光等波峰相距 400 至 700 纳米的电磁波构成可见光，是我们探查周围环境的主要工具。通过观察周围物体的位置，我们能够一点一点地认识到，整个宇宙都存在于时空中。

正是这种数学关系，不仅定义了时空的四个维度，还定义了演化时如何被注入那个空间结构中，正是这种逻辑产生了我们称之为"运动"的体验。通过与记忆的结合，大脑使用这种逻辑来生成我们作为意识或现实体验的复杂信息系统。简单日常知觉的事实，包含惊人复杂的潜在机制。鉴于理论上可能在三维空间的每个点上发生的无数"变化"，这是一种接近魔法的行为。

正如用射电望远镜能加强感观能力，我们可以看穿银河系不透明的尘埃云一样，我们拥有的科学工具，能够用来分析所有物理事件无法看见的内部发生了什么。遵从麦克斯韦方程组，原来组成电磁波的电、磁分量依时间关系相互支撑，每一个都取决于另一个的变化率。空间中某点处的变化电场，激发与之正交的磁场，变化的磁场也以相同的方式激发后续电场，以此类推。伴随这个过程电磁波以每秒 186 282 英里（图 13.1）的光速向无限远处传播。

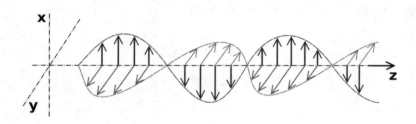

图 13.1 　**电磁波在真空中沿** +z **轴方向传播**

注：电场（粗体箭头）在 ± x 轴方向上振荡；磁场（灰色箭头）在 ± y 轴方向上与电场同相振荡。

面对一个物体时，其表面闪现的光在我们看来，就好像是独立的物体，矗立于我们之外，与我们分离。没有显微镜能找到连接物体和观察者头脑的脐带，但形状、声音、运动、阻力——所有这些，都不过是给我们感觉器官留下印象的能量。尽管我们试图阐明或解释这种能量，但在实验的最终分析中总是存在无法解答的问题。这个谜的谜底隐藏得很深。事实上，当被大卫·本·古里安（David Ben-Gurion）问及是否相信上帝时，爱因斯坦的回答是："能量的背后一定隐藏着什么东西。"

然而，这种东西不需要在物质世界中寻找。能量不过是思维的一种表征，是头脑的理解规则。在大脑中，如果我们能够打开能量，就会看到宇宙的内在逻辑。正是在大脑里，知觉变成了景象，电磁波的组分产生了我们理解和体验物理世界的经验内容所必需的时空关系。只有通过这种形式的理解，我们才能领悟到时间和空间连接的连续性。

答案不在于任何孤立的、外在的"自然"，而在于我们自己；正如诗人斯宾塞（Spenser）所说，心灵造就了身体：

这源于每一个心灵都至清至纯，

孕育着更明亮的天堂之光，

因而更要追逐躯体的宽阔与美丽，

灵魂栖息于此，才更显耀眼。

带着欢快的优雅及和蔼的目光，

正因为灵魂驻留，躯体才得以塑形，

正因为灵魂有形，躯体才有所参照。

换作爱默生的话就是："宇宙是灵魂的外在化。无论生命在哪里出现，宇宙都会在其周围环绕。"我们绝不能在自然界中寻找物理的原始规律和力，而是要在自己的头脑中寻找；大脑通过身体的各个系统产生感知环境的知识。

与埃斯库罗斯（Aeschylus）或奥维德（Ovid）的诗歌一样，物质、空间世界在大脑中也有其根源。当我们分析周围的物体时，最终发现除了能量什么也没有。这里的能量是指施加在我们感觉器官上的能量，或作用于我们运动器官的能量。任何物体经解析后，最终都是能量。因此，我们不仅仅是事件的旁观者。正如在量子物理实验中明确表明的那样，观察者与系统的相互作用，达到了不能认为系统具有独立存在的程度。

我们之所以难以理解这一点，是因为我们对自身存在的认识，与我们周围的事物息息相关。走到街角，只要看一眼晨报，你就能及时确定自己的位置。只要你的眼睛见到各种光和不同形状的物体，耳朵听到汽车的轰鸣声和行人的叽叽喳喳声，你就可以瞬间确立自己身处何方。然而，这实际上并不要求任何自存或永久性的东西。

不管怎样，大脑中必定有一条规则，通过这条规则，一种状态决定另一种状态；也可以反过来说，这条规则决定事件在时间和空间中的位置。多读读有关能量转化为物质方面的资料，然后将自己置身于实验室，观看科学家利用电磁能创造粒子-反粒子对的过程，你就会明白了。在云室里，你会看到新创造的物质在其身后留下淡淡的、转瞬即逝的白色水汽线条。最终，心灵与物质之间那根看不见的脐带就显现了。

膨胀多元宇宙的算法

爱默生说得对："人，就是一堆关系，就是一堆根，其花和果就是世界。"令人吃惊的是，我们意识到，物体不仅仅是外观，甚至其形状也不过是心灵的一种形式。尽管如此，我们在周围感知到的那些物体与我们的思想和感受、爱和焦虑、快乐和悲伤有很大不同。我们的思想和欲望，我们体验的质感，永远无法在外部世界的原子和实体中找到。而这一切又通过电磁能量的时间关系相互联系，使后者成为真正将大脑与物质、世界统一起来的实体。

从心灵、物质到现实是一段奇妙的过程。这一过程在你的头脑中不断地被协调。如果没有将过去和现在黏合在一起的思想，任何时刻都不会逝去。你听到电话或门铃响起，但直到声音真正过去，直到头脑将其与之前片刻的寂静相比较，铃声才会发生。即使是现在，如果你大脑不将这里的白色与那里的黑色进行比较，一个字母、一个单词地将它们全部排列成某种对比顺序，你就无法阅读这句话。

事实是，展开事件的时间现实（在上面提到的演化时的意义上）和外部世界的空间现实，都只是通过头脑的主动运作而存在的。它们就像个座钟一样完美协调地运行。

大脑在编织自己的网络时表现出多么高超的技巧啊！想一想心灵与能量的连接，就像秋日宁静的清风中飘浮着几缕薄纱一样轻松。大脑利用电场和磁场分量，以一定的间隔相互作用，界定它们所经过的空间。然后你会惊叹于这些构架，惊叹于构架下面竟然没有已知的支撑结构，而只是一张飘浮于虚无之上的信息网。

电磁只是几种基本关系之一，通常被称为"力"或"相互作用"，大脑用它来构建量子力学表明的所有可能的现实。其他 3 种基本相互作用是强相互作用、弱相互作用和引力相互作用。我们没有必要对每一种力进行详细介绍，只想指出，它们的根源也在于信息系统的各个组成部分如何相互作用，以创造我们称之为意识或现实的三维体验的逻辑。每种力都描述了能量单元如何在不同层次上相互作用，从基础开始，强力和弱力在原子核内支配着粒子如何结合或分离，而电磁力和引力则享有无限的作用范围。尽管后者主导着天文尺度上的相互作用，比如太阳系和星系的行为。

这些是定义我们宇宙的算法。理论上讲，也许可以增加另一种算法，一种管理多元宇宙中各单元（宇宙）相互作用的算法（图 13.2）。这一次是在膨胀场景的意义上[①]。我们的宇宙只是气泡宇宙之一，其他的宇宙都包含着与我们略有不同的历史。例如，在某个可能的宇宙中，你走进一个房间。在那里死去的猫仍然活着。或者在那里你可能改变了大脑的算法，使时间不再是线性的，而是三维的，就像空间一样，你的意识可以穿过膨胀的多元宇宙。

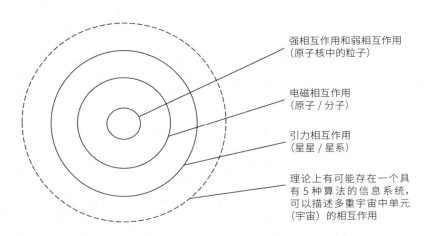

图 13.2 通常被称为"力"或"相互作用"的几种基本关系

注：大脑利用这些关系来构建现实。每一种力都描述了能量单元在不同层次上如何相互作用，从强力和弱力开始，一直到电磁力和引力。从理论上讲，也许还可以在算法中加入另一个构件，一个管理多元宇宙中各单元（宇宙）相互作用的构件。

[①] 膨胀多元宇宙是一个概念，源于这样的想法：大爆炸后，宇宙立即开始像气球一样按指数规律膨胀，膨胀速度在不同的地方发生变化，催生了新的"气球"——新的宇宙。

但是与膨胀多元宇宙概念不同的埃弗雷特多元宇宙理论，是如何认为的呢？如前一章所述，意识确实可以在人死后穿过埃弗雷特多元宇宙。未来的技术可能使我们能够开发控制此类旅行的工具。如果真是这样，你就可以像穿越空间一样穿越时间。

无论哪种方式，在爬行了数十亿年之后，生命将最终从其肉体的牢笼中逃脱。

所以我们可以增加生物中心主义的第九条原则了。

生物中心主义的原则

生物中心主义第一原则：我们所感知的现实是一个涉及我们意识的过程。"外部"现实如果存在的话，根据定义，必须存在于空间的框架中。但空间和时间不是绝对的现实，而是人类和动物思维的工具。

生物中心主义第二原则：我们的外部感知和内部感知密不可分。外部感知和内部感知是同一枚硬币的两面，彼此不能分离。

生物中心主义第三原则：所有粒子和物体的行为与观察者的存在密不可分。如果没有有意识的观察者，它们至多只能以概率波的不确定状态存在。

生物中心主义第四原则：没有意识，"物质"处于不确定的概率状态。任何可能先于意识的宇宙都只存在于概率状态中。

生物中心主义第五原则：宇宙的精密安排只能通过生物中心主义来解释，因为宇宙是为生命微调的。这完全说得通，因为生命创造了宇宙，而不是宇宙创造了生命。"宇宙"只不过是"自我"构建的时空逻辑。

生物中心主义第六原则：时间在动物感知之外并不真实存在。时间就是人类感知宇宙变化的工具。

生物中心主义第七原则：空间是动物感知的另一种形式，没有独立的现实。我们像乌龟背着壳一样随身携带空间和时间。因此，允许独立于生命的物理事件发生，而又绝对自存的介质是不存在的。

生物中心主义第八原则：生物中心主义为大脑与物质和世界的统一提供了唯一的解释，显示了对大脑中的离子动态在量子水平上的调控，如何使我们与意识相关的信息系统的所有部分同时相互联系。

生物中心主义第九原则：大脑利用几种被称为"力"的基本关系来构建现实。这些关系根植于这样的逻辑——信息系统的各个组成部分如何相互作用，以创造我们称之为意识或现实的三维体验。每种力都描述了能量单元在不同层次上的相互作用，从强力和弱力开始（支配原子核内粒子的结合或分离），然后向上升到电磁力和引力（主导天文尺度上的相互作用，比如太阳系和星系的行为）。

生命大设计

— 重构 —

THE GRAND
BIOCENTRIC DESIGN

第14章
量子力学与广义相对论

我们不仅是观察者，也是参与者。

约翰·惠勒
美国著名物理学家

物理学正在发生变化，可能正在发生着人类历史上最大的转变。

到目前为止，我们对生物中心主义的探索和支持它的证据，主要围绕着量子力学的解释问题展开，其最终理解似乎需要将意识带入议题中。在本章中，生物中心主义背后的科学，实现了从连接点逻辑到主流或共识物理学中新发现的确凿证据的飞跃，还成功地解决了物理学中最棘手的问题——调和量子力学和广义相对论。在此之前，量子力学在描述自然界某一层次的行为方面做得非常好，广义相对论则在揭示量子所不能掌控的宇宙行为方面无与伦比。但这两种理论从根本上不相容。

经典科学无能为力的问题

这个问题远不止"这个工具只适用于小尺度，那个工具只适用于大尺度"那么简单。这些系统虽然看上去是一个更大的系统，但其中相互关联的两个部分似乎在两套完全不同的规则下运行，不能相通。这个更大的系统，正是我们的宇宙。

141

例如，要弄清楚明天中午月球在哪里，就需要了解万有引力定律、月球轨道的形状、月球的质量以及过去观测到的月球位置等信息。月亮的行为是按照日常生活中物体运动的普遍规律和逻辑进行的，就像一个朋友从房间另一头把他的车钥匙扔给我们一样。

但是如果想知道一个特定的电子中午会在哪里，那么经典科学无能为力。更糟糕的是，电子行为的逻辑与我们周围可见物体，包括月球在内的逻辑不同。我们发现电子以某种方式同时处于许多位置，即使电子是一种在任何条件下都不能自行分裂的基本粒子。

为了回答电子在哪里这个问题，必须使用方程式来揭示它出现在各处的概率，而没有确定的、铁定的未来位置可确定。这样说仍然不够，因为即使到了中午，会发生什么以及电子出现在哪里，还取决于观察者计划如何观察该电子。对于月球，其位置可以通过视觉观测、雷达反射，甚至通过测量其引力如何影响经过的航天器来精确确定。然而，对于电子，我们进行测量的方式将改变其位置。

当科学家们开始研究构成我们身边更宏大结构的粒子和能量单位时，有一个不小的发现：我们必须使用两种迥然不同的科学和数学装备，也就是现在的经典科学和量子力学，具体使用哪一种装备，取决于你的准星对准的是哪一类物体。

现实似乎具有不可调和的二重性。广义相对论似乎是对宏观世界的正确定量描述，囊括了跨越恒星和星系之间的巨大空间尺度；而量子力学则是在单个分子、原子本身结构的尺度上描述现实。有一段时间，人们对此将信将疑。量子力学是全新的理论，但相信我们最终会弄明白的。

如今，现代物理学的这两大支柱已经发展了将近一个世纪，到了成熟阶段，人们对它们的理解越来越深，其理论预测也得到了无数实验的证实。这两种理论在日常生活中都有大量的实际应用，例如爱因斯坦狭义相对论在GPS技术中的应用，以及量子力学在晶体管和微处理器等技术中的应用。

不过经过一个世纪的实验和知识积累，我们仍没能明白量子力学和广义相对论该如何兼容。究竟如何让宏观物理学和微观物理学相互"沟通"？

破解这个谜团的好处之一是可以澄清 4 种基本力中最神秘的一个：引力。4 种基本力中的其他 3 种可以用量子力学来描述，只有引力不能。引力只能通过广义相对论的经典物理学来描述，而且这种描述也并不是很完美。引力不仅作用距离无穷大，而且对人类影响最大，比如将我们吸附在地面，或总是让笨拙、不幸的人跌倒。将量子力学和广义相对论协调起来，可以解决引力的这个问题：怎样让量子力学规则适用于引力领域。

2019 年 8 月，就在我们撰写本章时，一项发表在权威杂志《科学》上的新研究表明，爱因斯坦的引力理论再次被证明是正确的。在此项研究中，科学家们利用银河系中心的超大质量黑洞来检验广义相对论。该理论既是 20 世纪的杰出成就之一，也是目前现代物理学中公认的引力描述。

"爱因斯坦是对的，至少目前是这样，"该论文的主要作者安德烈娅·盖兹（Andrea Ghez）说，"我们的观测结果与爱因斯坦的广义相对论是一致的。但他的理论无疑暴露出了弱点，不能完全解释黑洞内部的引力，在某些情况下，我们需要超越爱因斯坦的理论，转向更全面的引力理论。"

物理学中有个专门的学科，致力于用量子力学描述引力，就是量子引力学（quantum gravity）。量子力学与相对论是现代理论物理学的两大支柱，二者不能相容的核心原因是量子引力的"不可重整化"（也可称为不可归一化）。结果是，人们意外地发现，解决这个问题的关键是要引入一些东西，一些在这一领域工作的现代理论物理学家到目前为止仍在很大程度上忽视的东西。

你猜对了，正是观察者。

"不可重整化"是一个来自前沿物理学的术语。这个概念很复杂，我们暂且归结为：在一个尺度上的物理学和数学在另一个尺度上不能以任何方式发挥作用。不可重整化理论是指所描述的特定现象或现象群，在一个特定的空间尺度，比如说在一个小尺度上仍能在数学上得到很好的控制；而在另一个尺度，比如说一个更大的尺度上，这种控制可能完全丧失。也就是说，数学和物理学不再起作用。

　　不可重整化理论有点类似于放大镜。想象一下，博物学家用这样的镜子研究物体：放大镜在适当的距离，博物学家看得更清楚；放大镜距离拉开，图像就会略微失真；放大镜移得更远，图像就完全无法辨认了。同样，用不可重整化理论来描述现实时，我们并不真正知道准确的现实结构是什么。

　　根据这种理论，我们从一个尺度的现实研究转向另一个尺度的探索时，观察到的结构会发生剧烈的变化。事实上，解释看到的东西所需要的语言，也就是物理和数学，变得越来越复杂，最终在某个足够大的尺度内变得无限复杂，无法控制。

　　相对论很好地解释了引力的行为，但是相对论的时空平滑连续体与量子力学的块状的、基于量子的世界不能很好地结合。试图用量子力学的语言来描述引力时，我们作为观察者所能测量的一切，例如时空的曲率或单位体积物质中储存的能量会开始无限地、不可控地膨胀，我们很快就会迷失在数学的无穷大之中，完全不可能做出有意义的预测或定义可测量的量。

　　假设日常物品也有同样的行为，我们可能会更好地理解物理学家在过去一个世纪中遇到这种无解情况时的挫折感。苏格兰天才约翰·邓洛普（John Dunlop）对橡胶的特性非常熟悉，他在19世纪末发明了自行车轮胎。我们假设自行车只有时速在低于5英里时，轮胎才能正常使用。超过这个速度时，橡胶会变得坚硬，轮胎突然变得非常黏稠，粘在路上，出现这种情况该怎么办？看似无关的条件发生了变化，而且没有科学研究可以解释这种从有用到无用的戏剧性转变。可以想象此时可怜的约翰该有多困惑了吧。量子引力理论变得完全无用，但只是在特定的尺度上，这同样让最伟大的理论物理学家感到困惑。

　　然而现在，理论物理学家德米特里·波多尔斯基与本书作者之一兰札，以及安德烈·巴文斯基[①]（Andrei Barvinsky）合作进行的新研究揭示了一些引人注目的现象。也就是说，如果考虑到观察者的特性，量子力学和广义相对论之间令人恼火的不相容性就会消失。

----

① 世界领先的量子引力和量子宇宙学理论家之一。

经典物理学一般假设被测量对象的物理状态，不会被任何形式干扰。按日常直觉来讲，这很合理。我们观察一架飞机以确定其相对于地面的位置时（它是否已经起飞？是否正在降落？），我们对其状态的影响为零，除非我们自己是飞行员或飞行控制员。如果物理对象的状态不受我们测量的干扰，那么探测它们，或是它们对某些外部影响的反应，就可以让我们正确地建立一个精确描述它们的物理理论。

惠勒的"量子泡沫"

但正如本书所述，在量子领域，事情复杂得多，属性是概率问题，我们的测量和观察不仅扰乱了现实，而且创造了现实。量子引力也不例外。惠勒创造了"量子泡沫"一词，有时也称"时空泡沫"，用以指时空在量子层面上可能的样子——充满了微小的涨落，而不是像更大尺度上的看似平滑的情况。这些涨落会导致粒子路径发生微小变化，科学家们可以通过寻找这些变化，来测量这个量子引力时空。

如果许多观察者不断地测量这个涨落不定的量子引力时空泡沫的状态，特别是确定时空弯曲的程度，然后交换他们测量到的结果，就会发现观察者本身的存在，显著地扰乱了物质和时空的物理状态结构。简单来讲就是，有多少人研究或探测现实，且就测量结果相互交流过什么，对我们感知现实规律来说影响都非常大。

这种不寻常现象的本质可以追溯到 20 世纪 70 年代末，意大利物理学家乔治·帕里西（Giorgio Parisi）和他的希腊合作者尼古拉斯·索拉斯（Nicolas Sourlas）的一项重要发现。作者使用粗略技术语言指出，存在影响其物理状态的无序状态的情况下，存在于（D+2）个时空维度的物理系统，很大程度上等同于生活在 D 个时空维度中没有任何无序的类似系统。更简单地说，向物理系统添加无序 / 随机组件时，其复杂性会增加。[①] 但这到底意味着

---

① 惊奇的是，低维系统几乎总是比高维系统更复杂，尤其是其动力学更复杂。

什么，又告诉我们些什么呢？

让我们明确一下"无序"的含义。谈到无序的存在时，帕里西和索拉斯指的是在时空的不同点对所选定的物理系统施加随机的外力。当一定数量的观察者只是在这个物理系统的随机点上测量状态，如动量、能量密度、时空的曲率（系统本身就是时空）时，就会出现这种"无序"的情况。

回想一下，物体或空间的维度是我们可以沿着物体或在空间中移动的完全独立方向的数量。例如，一条细线基本上算是个一维物体，因为只提供一个可以移动的方向，即沿其长度移动。一张纸是二维的，它有长度和宽度，而立方体或圆柱体是三维的，有长度、宽度和高度。正如爱因斯坦所说的，我们生活的时空是四维的，第四维的角色由时间来扮演。

我们现在可以更清楚地将帕里西和索拉斯的结论表述如下：一般来说，任何分布在时空中并随机测量现实状态的观察者的存在，都会导致所指定的物理系统所处的时空维度有效增加。

但这与引力的"不可重整化"、统一物理学两大支柱的努力，又有什么关系呢？

事实证明，"不可重整化"和"时空维度"是密切相关的。通常情况下，一个理论所依赖的时空维度越高，这个理论就越有可能是不可重整化的。

以"量子电动力学"为例。该理论研究的是电磁场的量子动力学及其与电荷的相互作用。该理论是由理查德·费曼和其他物理学家在 20 世纪 50 年代发展起来的，涵盖了我们周围 95% 的物理现象。只要时空的维度是 2 个、3 个或者 4 个，那么在所有空间尺度上这个理论，都能保持良好的适用性，也就是说它是可重整化的。如果时空维度的数量为 5 个或更多时，这个理论的解释就不够用了，即变得不可重整化。[①] 类似的，高能物理学的标准模型

---

① 可时空的维度怎么可能高于四个？人们需要用一点抽象思维来想象这个问题。再以一张平面纸（二维物体）为例，将其置在一个三维空间的某个地方（如放在桌子上）。一只沿着纸片移动的蚂蚁不会知道它周围的真实世界是三维的（实际上是四维的，如果我们把时间考虑进去的话）。同样的逻辑可能适用于我们：我们的四维世界可能被嵌入到一个五维世界中，而我们永远不会知道其中的差别。

也可以解释我们日常生活中的弱力、强力和电磁力的相互作用，但只要维度数超过四个，就会崩溃。

物理学家为这个阈值发明了一个特殊的术语：上临界维度。如果一个理论所定义的时空维度高于这个上临界维度，那这个理论就变得不可重整化了，也就是说，该理论崩溃了／数学失效了。对于大多数物理相互作用，包括弱力、强力和电磁力的相互作用，这个上临界维度是四个，与我们实际生活的时空维度相吻合。所以理论物理学才能如此成功地描述高能物理的量子世界中发生的众多物理现象。

量子引力理论开始表现出非常不受控制的时空维度的临界数是 2 个，一个是时间维度，另一个是空间维度。而我们生活的时空维度是 4 个，这意味着量子引力与成为一个可控的理论还差了 2 个时空维度。

现在，如果我们遵循上面帕里西和索拉斯概述的逻辑，存在一个维度为 D+2，并且是有扰动的时空系统，大致相当于一个维度为 D 且没有扰动的时空系统。我们可以看到在有大量观察者，即存在大量扰动的情况下，4 个时空维度的量子引力，与 2 个时空维度中的量子引力一样。我们对这样的理论有着清晰的认识，非常清楚它在所有尺度下是如何起作用的，因此这就解决了长期存在的广义相对论和量子力学之间不相容的问题。

观察者如何影响物理现实？

现在让我们来看看这一启示的迷人结果，看看观察者的存在，如何影响且确定了物理现实本身细节背后的硬科学证据。

首先，如果相信爱因斯坦广义相对论（在大时空尺度上起作用）和量子力学（在小尺度上起作用）所描述的现实存在，并使自然平稳运行，那么上述现实也必须包含某种形式的观察者。如果没有观察者网络持续测量时空属性，广义相对论和量子力学的组合就会完全失去作用。因此，生活在量子引力宇宙中的观察者共享其测量结果的信息，并创建全球公认的认知模型。这实际上是现实结构所固有的特征。

要知道，一旦测量了一些东西，例如粒子物理实验中电子的位置、电磁波的波长，或者定义两个物体之间引力的时空曲率，概率波就变得"局域化"，或简单地"坍缩"了（图 14.1）。这意味着，如果你不断地重复测量同一个量，并牢记第一次测量的结果，你就会继续看到相当相似的测量结果。

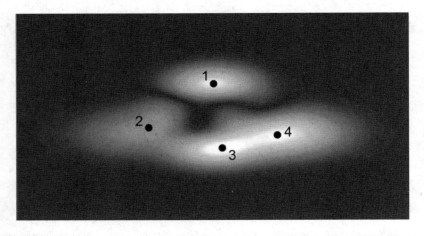

图 14.1　确定现实的共识——为彼此靠近的 4 个观察者测量给定时空曲率值的概率

注：观察者1和观察者2彼此不了解，很可能相隔很远，因此，他们的测量结果略有不同。观察者3和观察者4共享他们的测量信息（这两点描述的甚至可能是同一个观察者），他们中的一人测量到相同的时空曲率的概率很可能跟另一个的相同。

理查德·费曼的一个著名思想实验是对这一现象非常简化的说明：假设一不透明板上有两个狭缝，狭缝后面有两个电子探测器如感光板。向不透明板不断发射电子，两个感光板最终都会留下电子撞击的痕迹；一旦电子击中感光板，上面的痕迹就会永远保留下来，而且我们在第二次和以后观察感光板时将不断看到这个印记。

物理学家说，电子的单粒子波函数在电子击中感光板的那一刻就"坍缩"了，或者说，"退相干"的过程就发生了。与我们所知的量子力学的概率运作方式相比，这个结果似乎相当确定，但其量子性质实际上将反映在由多个电子相继撞击在感光板上产生的波纹干涉图案中。

　　在没有任何测量的情况下，各种可观测量，如时空曲率，具有特定固定值的概率波将变得模糊、相互碰撞和散射，从而使物理现实仍然处于不稳定、不确定的混乱状态，即处于潜在的量子泡沫中。测量或一系列测量将这些概率波瓦解，并将它们从量子模糊中提取出来。

　　如果你从某人那里得知他们对物理量的测量结果，那知道这些结果也会影响你自己的测量结果，并且你和其他观察者之间的共识会"冻结"现实。从这个意义上讲，对现实结构的不同意见的共识决定了它的形式。

　　回顾一下，时间本身以及时间之箭的方向，由于波函数坍缩或退相干的过程而变得确定。一旦这种时间坍缩发生，人们就可以开始问探究其他物理量的退相干过程的动力学问题，这些量是我们作为观察者可以测量的。量子模糊坍缩到可测量数量的特定实现的速度、坍缩的持续时间、确定观测现实的概率波的详细结构等动力学问题，在很大程度上取决于不同观察者的测量或观测在时空中的分布。

　　如果有许多观察者，而且他们的观察次数非常多，那么测量宏观量的概率波在很大程度上仍是保持"局域的"状态，不会扩散很多。并且，现实在很大程度上是确定的，只是偶尔会稍微偏离共识。这方面有一个粗略的定量标准：你所研究的物体或过程的特征时空尺度，应该大于测量事件之间的特征时间间隔。例如，如果测量我们星球的引力，进行测量的时间间隔应该短于以光速穿越地球直径所需的时间，这也是引力的速度。

　　在背景时空中，从一个位置到另一个位置，宇宙概率结构向一致性坍缩的速度和偏离一致性的可能性都略有不同。这取决于观测事件的密集程度、在场观察者的数量，以及他们彼此分享测量信息的速度，还有他们与试图测量的客观现实部分的相互作用有多强（图 14.1）。这种变化是可测试的，可以通过对各种量子力学系统进行实际实验和数值模拟来验证。在数值上，这种变化已经得到了验证，不久的将来还将在实验上得到验证。

　　用于评估这些物理特性的数值模拟工具是"蒙特卡罗方法"，它经常用于解决物理和数学问题，尤其是在难以或不可能使用其他实验方法的情况下。

这种模拟方法最初是在曼哈顿计划中成功应用于核武器的开发，如作为研究中子如何穿过辐射屏蔽的一种手段。

就今天强物理相关问题而言，蒙特卡罗方法可以模拟具有许多耦合自由度的系统，如流体、无序材料、强耦合固体和多孔结构。其唯一的缺点是需要极强的计算能力。新的波多尔斯基-巴文斯基-兰札研究中使用的模拟，是利用麻省理工学院的大型计算机集群进行的。

物理学不可避免地指向一个结论

你可能想知道如果整个宇宙中只有一个观察者会发生什么。这种情况，会怎样改变上面描述的物理图景呢？描述我们宇宙物理现实的概率波会坍缩吗？答案取决于观察者是否有意识、是否对探索客观现实结构的结果有记忆，以及是否建立了这种现实的认知模型。

对于有意识的观察者来说，所进行的测量序列类似于测量事件的随机网络，描述这些测量结果的信息在事件之间传递。单个观察者的世界线只不过是时空中彼此非常接近的点 / 事件序列。换言之，单个有意识的观察者可以完全定义这种结构，导致概率波的坍缩，将其描述为量子模糊的一种特殊实现。这种模糊主要定位在观察者一生中在大脑里建立的认知模型附近。既然实验结果证实了这一点，我们将以一种早该明白的方式重塑我们对现实的理解，看看我们与宇宙结构在各个层面上是多么密切地相连。

有了这项新的波多尔斯基-巴文斯基-兰札研究，我们似乎终于有了确凿的证据：观察者最终确定了物理现实本身的结构。

最为重要的是，这项研究依赖并建立在几乎所有物理学家都能接受的现有前沿科学理论之上。然而，这些公认的宇宙物理理论，包括了从爱因斯坦到霍金再到弦理论的一切理论，它们是基于某种超越我们自己的"外在"的东西——无论是场、量子泡沫、快速移动的光子还是其他什么。

无论是这整本书，还是物理学本身的漫长历史，都不可避免地指向这样一个结论：不管人们相信多重宇宙还是简单的波函数坍缩，无论人们接受哥本哈根诠释，还是热衷或排斥弦理论，以及其他什么理论，世界都是由观察者确定的。宇宙是以生物为中心的，这一点实在是无法回避。

我们正在经历世界观的深刻转变，从长期以来的观念（物理世界是预先形成的，即自存的、完全形成的"外部"实体）转变到另一观念（世界属于活着的观察者——我们）。

因此，我们可以增加生物中心主义的第十条和第十一条原则。

生物中心主义的原则

生物中心主义第一原则：我们所感知的现实是一个涉及我们意识的过程。"外部"现实如果存在的话，根据定义，必须存在于空间的框架中。但空间和时间不是绝对的现实，而是人类和动物思维的工具。

生物中心主义第二原则：我们的外部感知和内部感知密不可分。外部感知和内部感知是同一枚硬币的两面，彼此不能分离。

生物中心主义第三原则：所有粒子和物体的行为与观察者的存在密不可分。如果没有有意识的观察者，它们至多只能以概率波的不确定状态存在。

生物中心主义第四原则：没有意识，"物质"处于不确定的概率状态。任何可能先于意识的宇宙都只存在于概率状态中。

生物中心主义第五原则：宇宙的精密安排只能通过生物中心主义来解释，因为宇宙是为生命微调的。这完全说得通，因为生命创造了宇宙，而不是宇宙创造了生命。"宇宙"只不过是"自我"构建的时空逻辑。

　　生物中心主义第六原则：时间在动物感知之外并不真实存在。时间是人类感知宇宙变化的工具。

　　生物中心主义第七原则：空间是动物感知的另一种形式，没有独立的现实。我们像乌龟背着壳一样随身携带空间和时间。因此，允许独立于生命的物理事件发生，而又绝对自存的介质是不存在的。

　　生物中心主义第八原则：生物中心主义为大脑与物质和世界的统一提供了唯一的解释，显示了对大脑中的离子动态在量子水平上的调控，如何使我们与意识相关的信息系统的所有部分同时相互联系。

　　生物中心主义第九原则：大脑利用几种被称为"力"的基本关系来构建现实。这些关系根植于这样的逻辑——信息系统的各个组成部分如何相互作用，以创造我们称之为意识或现实的三维体验。每种力都描述了能量单元在不同层次上的相互作用，从强力和弱力开始（支配原子核内粒子的结合或分离），然后向上升到电磁力和引力（主导天文尺度上的相互作用，比如太阳系和星系的行为）。

　　生物中心主义第十原则：物理学的两大支柱——量子力学和广义相对论，只能通过将我们观察者考虑在内来协调。

　　生物中心主义第十一原则：即使在我们之外还有一个"现实世界"，无论它是场、量子泡沫还是其他实体，最终是观察者定义了物质和时空状态这些物理现实结构。

第 15 章
梦与多维现实

这只是一个梦，但却如此真实，连生活都成了梦的仿拟者。

马特杰·博尔（Matej Bor）
斯洛文尼亚诗人

现在，故事已接近尾声，我们也已经见证了生物中心主义的确凿证据。就让我们从诸如"可重整化"这样的概念中抽身出来，这些概念在任何社交聚会上都会使谈话戛然而止。本章我们来看一个大家熟悉的、每天或每天晚上都会有出现的，对认知研究有一些有趣影响的现象：梦。

三维现实与梦之谜

梦可以帮助解开的秘密，基本上源于生物中心主义强调的一个基本且明显的事实，即现实总是一个涉及意识的过程。

我们误以为日常世界比梦中的世界更真实或更独立，我们在现实中扮演的角色更藐小，但实验表明，日常现实和梦一样依赖观察者。

正如本书中反复提到的，我们体验的一切都只不过是在头脑中发生的信息漩涡。这里的"一切"就是毫不夸张的、完完全全的指所有事物。

这里没有给外部框架留下任何空间。生物中心主义告诉我们，空间和时间不是真实的实体，而是大脑用来汇集信息的工具的术语。时间和空间是打

153

开意识之谜大门最关键的钥匙，可以解释在粒子和物质本身属性的实验中，粒子和物质为什么总是随观察者而转移，而不是客观的、独立的绝对存在。

在生活中，意识过程是毫不费力的，我们想当然地认为是大脑把一切都组合在一起，并且它的内在运行机制是事先录入、隐蔽和不假思索的。但你有想过吗？塑造外在的三维现实和构建梦境，享有同样的过程。由于做梦和清醒时的知觉通常属于两个不同的领域，而且只有一个被认为是"真实的"，所以二者不能相提并论。

但是二者有一些有趣的共同点，这些共同点给我们提供了关于意识运作的线索。无论是清醒还是做梦，我们都在经历同样的过程，虽然梦产生的现实有质的不同。无论是在梦中还是清醒时，我们的大脑都会坍缩概率波，从而产生物理现实——那种完全来自功能完善身体的物理现实。这种壮丽的编排结果就是我们在四维世界中体验感觉的永不休止的能力。

梦境的发生始于所有生物体睡觉的简单事实。我们不能在缺乏睡眠的情况下清醒地生活；实验表明，剥夺睡眠会导致生物死亡。睡眠包括有梦阶段，称为 REM[1] 睡眠，也包括无梦阶段，被称为非快速眼动睡眠。醒来时，我们通常记得做过的梦，但对非快速眼动睡眠期间发生的事情没有记忆。这是因为在非快速眼动周期内，波包的传播范围很广，大多数分枝彼此解耦，它们之间没有相互作用或纠缠。醒来时，你会发现自己身处其中一个分枝，体验你所熟悉的世界。然而，在梦中，传播波函数的分枝并不是完全独立和解耦的；一旦回到共识的现实，记忆就可以访问其他分枝 / 世界。

我们都有过这样一种经历：从似乎与日常生活一样真实的梦中醒来，但那些景象和经历对清醒的自己来说是完全陌生的。"我记得，"本书作者之一兰札回忆起《赫芬顿邮报》（*Huffington Post*）上的一篇文章，"眺望前方人山人海的港口时，在更远的地方，有船只参与战斗；更远更远的地方，有一艘带有雷达天线的战舰。我的大脑以某种方式利用电化学信息创造了这种时空体验。我甚至能感觉到脚下的鹅卵石，将这个三维世界与我的'内在'感

---

[1] REM 代表"快速眼球运动"（rapid eye movement）。

觉融合在一起。我们所知的生活是由这种时空逻辑定义的，它将我们困在自己熟悉的宇宙中。就像我的梦一样，量子理论的实验结果证实了'真实'世界中粒子的属性也是由观察者决定的。"

我们不屑提到梦，是因为梦在我们醒来时就结束了，也因为梦在很大程度上是神秘的。几十年来，从事梦研究的实验室和研究人员仍然无法解释为什么夜间最初几个小时的梦围绕着最近一天的事件，而后来的梦在内容上更超现实。专家们仍然不完全理解为什么我们总共只做了大约两个小时的梦，或者为什么梦中体验的情绪是非常消极的，又或者为什么晚上 11 点那典型的 5 分钟梦境最终会演变成漫长的黎明前的梦境，持续时间要长 10 倍。

尽管这种体验持续的时间很短，但这并不能成为我们轻视梦的理由。当然，我们并不认为入睡或死亡时日常生活体验结束了，就断定它不真实。的确，我们对梦中事件的记忆不如对清醒时发生的事件的记忆好，但阿尔茨海默氏症患者对事件的记忆少，也不意味着他们的经历不真实。或者说，服用迷幻药的人在他们的"旅行"中不会体验到物理现实，即使他们体验的时空事件被扭曲，或者当药力消失时他们不记得所有的事情。

我们也可能认为梦是不真实的，因为梦研究人员发现梦与大脑活动的特定模式密切相关。但我们清醒的时候，大脑中的神经活动也有类似的联系，那能说外部事物是不真实的吗？当然，无论是在梦中还是清醒时，意识的生物物理逻辑总是可以追溯到某些东西，无论是空间上的神经元，还是时间上的大爆炸。

大脑创造出多维现实

梦，肯定远不止是一些人坚称的神经元自发、随机的放电。同样，也肯定远不止是包含在大脑神经回路中的随机记忆的激活。梦通常混合着我们之前经历过的情感和事物，但梦中经常有做梦者从未见过的人、面孔和互动行为。梦是一种猝发的、不间断的叙事，看起来和现实生活本身一样真实。

这种极其复杂的相互作用和场景，怎么可能是随机放电的结果呢？在梦中，我们除了在观看一个"外部世界"，还会被动地将记忆印在神经回路中。

大脑怎么可能做到这一点？体验的所有组成部分是如何从头开始制造的？做梦的时候，我们并没有在观察事件和感知刺激。我们躺在床上，睡着了，但我们的大脑仍能完美地创造新的人物和场景，让他们在四维空间中轻松互动。我们正在见证一个令人敬畏的事件：大脑有将纯粹信息转化为动态多维现实的能力。你实际上是在创造空间和时间，而不只是像电子游戏中的角色一样在其中操作。

谈到梦时，我们更容易体会这个过程的惊人本质，但这与书中描述的适用于我们非梦生活的过程是一样的。根据生物中心主义，我们总是观察现实，并且创造现实。

就像在"现实"生活中一样，在梦中，概率波的坍缩是大脑创造多维现实的一个关键。我们在梦中坍缩概率波，就像我们在清醒时一样。不过在做梦时，大脑有较少的限制，因为不需要服从本身受物理法则限制的感官输入。因此，头脑可以产生与我们白天所意识到的共识世界不同的体验。

在第14章中，我们讨论了观察者扩展网络的存在如何确定物理现实本身的结构。在梦中，我们离开了共识宇宙，可以体验到一种与清醒时和其他观察者共享的认知模式截然不同的现实认知模式。在梦中，我们周围宇宙波函数的精细结构是非定域的，因此在很大程度上不稳定。这就解释了为什么你在做梦的时候拥有更多的力量，代表现实基础的可观测值更不稳定。观察者网络的存在与否影响着宇宙的维度。在梦中，维度的数量也会发生变化，这取决于大脑结构中调用的特定信息。

梦往往是非常生动的。兰札回忆起一个梦，非常特别，从其他所有梦中脱颖而出。这个梦的清晰度是他之前做过的任何梦都无法比拟的，其他的梦都像是粗糙的老电影，而这个梦是超高清电影。在梦中，他体验到了一个额外的空间维度，晶莹剔透。他可以通过这个维度同时从所有侧面／方向观察到物体的内部和外部（图15.1）。

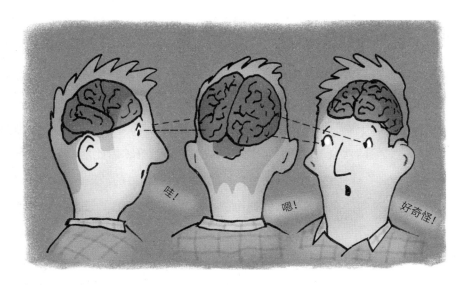

图 15.1 体验五维（一个时间维度 + 四个空间维度）现实是什么感觉

注：梦展示了大脑构建多维现实的能力，包括四维（一个时间维度+三个空间维度），在某些情况下，甚至是五维（一个时间+四个空间维度）的现实。构建五维现实能力的一个表现是，在每个瞬间同时从所有空间角度看到物体的内部和外部。

　　醒来后的大约两三分钟里，在梦境完全从他的脑海中消失之前，他能够感受清醒现实的四维结构（一个时间维度 + 三个空间维度）和梦的五维结构（一个时间维度 + 四个空间维度）之间来回转换。尽管他仍然保有过渡期的一些记忆，但在你和我，以及所有读这本书的人共同参与的四维共识现实中，这个五维世界是无法体验的。

当蝙蝠是什么感觉？

　　生物中心主义认为空间和时间是思维的工具，而梦似乎只是进一步证明了这一说法的正确性。因为，如果空间和时间真的像人们普遍认为的那样是外在的和物质的，那么一个人做梦时，怎么可能仅在大脑范围内就创造出了与它们绝对没有区别的东西呢？

　　我们已经知道，我们所感知的现实是波函数坍缩的结果。波函数是与物理测量和世界观察相关的意识体验的数学描述。在观察过程中，我们利用视觉、听觉、触觉等感官来坍缩波函数。在清醒状态下，我们非常频繁地、几乎连续地进行观察，从而反复地坍缩波函数，否则波函数将开始在抽象的"希尔伯特空间"（Hilbert space）[①]中传播。

这方面的一个简单模型是第 10 章中描述的波包传播的教科书式例子。睡觉时，我们的观察或测量停止，波函数包开始散开，因此梦包含了许多可能的"世界"或体验。然后，我们有可能通过坍缩相应的波函数来"创造"这些可能的世界。在睡眠中，我们徘徊在希尔伯特空间，以多种不同的方式经历波函数坍缩。

最终，我们体验的波函数坍缩了，结果发现自己在同一个房间和同一张床上醒来，我们记得前一天晚上是在这里入睡的。我们回忆起我们是谁、我们的名字，以及以前的生活事件。我们认为晚上的经历只是一场梦，并不是真的。但是，如上所述，梦和我们所感知的现实本质上是相同的。这种观点得到了量子力学的支持。

因此，我早上醒来时是这个人，就生活在这个房子、这个城镇、这个国家。但我的醒来只是大波函数坍缩到我体验的确定世界中的一种可能，如第 7 章所述。大波函数还有许多其他可能的坍缩方式。它可以坍缩成描述甲的体验，也可以坍缩成描述乙的体验，或者可以坍缩成描述其他任何人的体验，还有动物，比如鸟、鱼等的体验。

这与同一个世界中存在的多重、独立意识无关。在波函数坍缩的每种情况下，都有一个不同的，具有独特、单一意识的世界。在这样的一个世界里，意识体验的是甲的生活，而所有其他人被认为是甲的"外部"，如第 7 章所述。在另一个世界里，同样的意识体验的是乙的生活，而所有其他人、动植物以及房子等其他无生命的东西，被认为是乙的"外部"。

[①] 在数学和物理学中，"空间"的概念可以有抽象的含义，远远超出通常意义上的空间概念。量子力学是基于希尔伯特空间的概念。希尔伯特空间是所有可能波函数的空间，包括对应于确定体验的坍缩波函数。

《当蝙蝠是什么感觉？》（*What Is It Like to Be a Bat?*）是托马斯·内格尔（Thomas Nagel）1974 年在《哲学评论》（*Philosophical Review*）上发表的一篇文章的标题。内格尔写道："有机体拥有意识体验这一事实基本上意味着，存在着某种东西：做这个有机体是什么样的感觉。所以从根本上说，当且仅当存在某种东西让这个生物作为某个样子时，该生物就拥有了有意识的精神状态。"

在这本书中，我们采用的论点为："某物"是波函数，被解释为对意识的数学描述。描述甲体验的坍缩波函数，对应于内格尔所说的"作为'甲'的东西"。

清醒状态下，你体验到的是共识现实。上床睡觉，入睡，然后开始做梦。醒来时，你会发现自己重新作为一个人存在于共识现实中。通过梦，你进入另一个世界，从一个共识现实切换到另一个共识现实，从体验一种有机体的生活切换到另一种有机体的生活。一旦醒来，你会发现自己在任何时候都是任何人，没有关于曾经是另一个人或动物的记忆。你甚至可以发现自己还是一个新生儿，对自己生活的现实一无所知。

如果是这样的话，你会慢慢地、一点一点地发现你的现实、你的世界。通过观察你的世界，你不断地坍缩概率波，因此你毫不费力地创造了一个更加详细的世界，其中包括对这个世界记忆的全面的充实。这些观察还包括其他人告诉你的关于世界及其历史的信息，因此你建立了共识现实。

我们以一种不偏不倚的方式遵循量子力学的含义，而且已经取得了惊人的进展。这是令人惊讶的。通过采用"波函数是对体验的数学描述"这一观点，我们实现了日常现实和梦的统一。而梦为我们所说的持续的波函数坍缩提供了进一步的生动支持，表现为无休止的意识体验。关于量子力学、多元世界、波函数坍缩，关于意识、现实以及我们自己的生与死的持久困惑，都逐渐消退了。

生命大设计

——

重构

——

——

THE GRAND
BIOCENTRIC DESIGN

——

第 16 章
物理中心主义世界观的颠覆

所有虚假的艺术，所有虚荣的智慧，都有表演的机会，但终将
自我毁灭。

伊曼纽尔·康德

对于读者以及整个人类来说，探索宇宙奥秘都是一段相当漫长的征程，持续了几个世纪。

我们人类从简单的迷信开始，对生命看似珍贵但脆弱的事实做出回应，比如，生命中日常的乐趣，可能会被洪水或某种突发疾病意外夺走。

因此，很自然地，人们先是祈求神灵，后来又祈求上帝，祈求他们对我们仁慈、宽恕。而这种哀怨、哭诉和向无形的超自然统治者讨价还价的策略，几乎构成了人类共有的集体世界观。几千年过去了，随着时间的推移，古希腊和文艺复兴时期有些才华横溢的人逐渐意识到，统治世界的并非是超自然一时的心血来潮，而是大自然以理性的方式，依据人类的大脑能够解读的规律前行。

这改变了一切，导致现在人类的知识以惊人的速度膨胀，带来了令人惊叹的成果。约翰尼斯·开普勒（Johannes Kepler）证明，地球、月球和行星都在椭圆轨道上运行，它们未来的位置不仅可预测，而且可以高度精确地预测。这可是个不小的成就。我们甚至可以预见日食的阴影何时会笼罩大地。现在人们认识到，是宏大的秩序在统治着自然，这真是太棒了。

但有一种强大的二分法依然存在。它在天堂和人间划出了界限，后来，又在人和自然之间也划了界限。17世纪，勒内·笛卡尔宣称二者之间有着本质的差别，意思是意识或观念与自然界毫不沾边。这种将我们自己从宇宙的主体中分离出来的做法，得到了科学界和牧师的赞许。如果要研究宇宙，就应该从研究过程中剔除我们自己易犯错误的感知能力。当然，宗教也赞同这样的观点，那就是我们人类可不只是物质。

渺小逐渐走上正轨

宇宙越变越大，我们在其中的地位也就相应地变小了。

当科学家们努力让大众远离宗教和迷信时，他们乐于宣扬这样一种世界观：科学可以提供答案，而且纯粹的客观性是做得到的。换句话说，我们这些观察者根本就不重要。1930年，埃德温·哈勃（Edwin Hubble）让我们看到了宇宙是由数十亿个星系组成的，每个星系又包含着数十亿颗像太阳一样的恒星，行星就像暴风雪中的雪花一样常见。我们新的集体思维形成了：我们每个人是多么渺小。我们每个人是多么无足轻重。

因此，随着20世纪前几十年的发展，渺小"走上正轨"，无足轻重成为时尚。我们这些个体观察者现在认为自己是不必要的。我们都可以消失，但宇宙将继续保持不变。

你认识的大多数人应该都是支持这种观点的吧？这就是为什么量子理论的创始人看到那些奇怪的实验结果会如此无法平静。因为这些结果一次又一次地让我们看到，物体的位置和运动等物理参数取决于观察者。

当然，几个世纪以来一直有迹象表明观察者可能在现实中扮演着某种角色。事实上，牛顿在其《光学》（Opticks）一书中坚称，亮度和色调并不是固有的，实际上是观察者在其头脑中创造了自己视觉范围内的所有颜色。他写道："准确地说，光线没有色彩。"其他科学家最终证实，牛顿是对的。到20世纪初，物理学家已经确定光是由磁场和电场的交替脉冲组成的。

人类既看不到磁也看不到电，所以对我们的眼睛来说，青翠的树冠本应是无色的。我们将其视为翠绿色，意味着在我们大脑庞杂的神经回路中，出现了一种"绿色"的感觉。在这之后，通过一些同样奇妙的心理运作，我们将其"放置"在眼前、放进自认为的"外部世界"中。

因此，许多科学家确实逐渐意识到，内部和外部之间的区别是人为的。无论是红绿灯还是瘙痒，所有感知到的东西，严格意义上来讲，都是头脑的产物。思想，或感知，或意识，或认知，既不是内在的，也不是外在的，而是囊括了一切，即所有体验。

然而到 20 世纪 20 年代，许多量子理论的创始人都惊呆了，因为他们发现观察者的作用远远超出了单纯的感知。越来越多的证据表明，不仅可见的宇宙依赖于观察者，而且观察行为是导致小的物质对象种种行为的原因，甚至是它们突然显现的原因。物理学家们突然对意识在自然界最小尺度上运作的作用有了新的领悟。

可在许多科学圈里，这些根本就不受待见，主要是因为这看起来与哲学、形而上学或玄学非常类似。这种比较并非毫无根据，观察者和意识这种新量子概念，实际上与东方的许多古老教义并行。一些量子理论家，如薛定谔，在这条路上走得更远。

薛定谔在琢磨一个人的意识在哪里结束，另一个人的意识从哪里开始。他说："意识是单数，复数是未知的。"主流科学意识到，走这条路可能会给准官方的、教科书认可的世界观带来麻烦。这种"标准"的世界观仍然秉持笛卡尔式的思想与物质、自然与有意识的观察者之间的完全分离。

但大潮只能暂时被阻挡。在一个又一个实验中，比如著名的双缝实验、"延迟选择"实验以及无数其他的实验，观察者的重要性不断显现出来。这些结果虽然令人费解，但几十年来不断增加的证据使之不可否认。这就是为什么著名的物理学家约翰·惠勒能够如此自信地指出："没有任何现象是真正的现象，除非是被观察到的现象。"

这就把我们带到了自己生活的时代。正如我们所看到的，我们并不是凭空来到这里的。本卷中的各章忠实地铺陈了推动我们前进的知识，追踪物理学的故事线，从牛顿的天赋到对 18 世纪和 19 世纪的重新评估。其间，科学家们开始在遍布宇宙的各种线索中发现意想不到的基本统一性。随着科学的发展，"我们所确认的东西"一次又一次地被颠覆。从爱因斯坦揭示出的空间和时间以及物质和能量的关系，到量子理论的天才们又带来的更大的震撼。

所有这些都导向了合乎逻辑的下一步：生物中心主义。生物中心主义将生命和意识确定为存在的核心现实，并非出于任何微不足道的欲望或教条驱动的需求，以提高我们自己作为生物的地位；而是因为数百年间来之不易的科学知识和实验数据表明，生物中心主义是对我们周围所见的唯一一致的解释。

尽管物理学家接受了量子理论，并注意到了越来越奇怪的量子现象，比如确认量子预测的纠缠，但为了与人类本性保持一致，主流科学界继续抵制大规模改变大家长期持有的世界观。在这种世界观中，观察者享有与实验小白鼠几乎相同的地位。即使在今天，科学界的许多人依然认为"意识"这个词就是危险信号。就好像所有与观察者有关的实验结果，都以某种方式祈求了神的帮助，或者是类似于 20 世纪 60 年代叛逆者迷幻文化研究的边缘科学。

基本物理参数不可能是纯粹的巧合

与此同时，全球人口受教育程度越来越高，人们越来越多地求助科学，企图回答这个永恒谜团：现实是真实的吗？我们这些有意识的生物是否可以简化为物质大脑？死后还有生命吗？为什么宇宙会以这样的方式运作？我在其中的地位如何？主流科学在解决这些问题方面收效甚微，而生物中心主义确实提供了答案。要想动摇科学界的主体，一劳永逸地改变公众的共识，需要的就是支持生物中心主义结论的确凿证据。

为了更好地佐证这些结论，我们的前两本生物中心主义的书援引了古代和现代伟大思想家的逻辑、哲学论述以及科学实验的详细论证。本书通过更详细地解释该理论背后的科学，以及已发表的指向其真相的论文来巩固这一点。

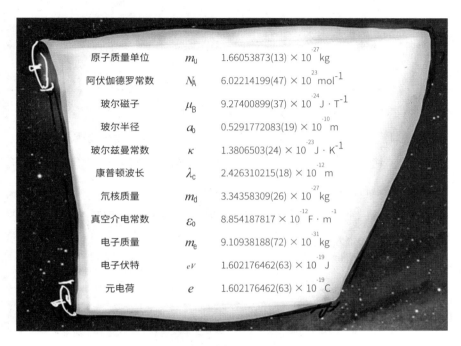

原子质量单位	m_u	$1.66053873(13) \times 10^{-27}$ kg
阿伏伽德罗常数	N_A	$6.02214199(47) \times 10^{23}$ mol^{-1}
玻尔磁子	μ_B	$9.27400899(37) \times 10^{-24}$ J·T^{-1}
玻尔半径	a_0	$0.5291772083(19) \times 10^{-10}$ m
玻尔兹曼常数	κ	$1.3806503(24) \times 10^{-23}$ J·K^{-1}
康普顿波长	λ_C	$2.426310215(18) \times 10^{-12}$ m
氘核质量	m_d	$3.34358309(26) \times 10^{-27}$ kg
真空介电常数	ε_0	$8.854187817 \times 10^{-12}$ F·m
电子质量	m_e	$9.10938188(72) \times 10^{-31}$ kg
电子伏特	eV	$1.602176462(63) \times 10^{-19}$ J
元电荷	e	$1.602176462(63) \times 10^{-19}$ C

图 16.1 如果某些，甚至可能是全部物理常数没有微调到当前的值（大多在 1%到 2% 之内），我们所知道的宇宙就不会存在，我们也就不会在这里

注：图中列出了其中一些常数。在兰札和伯曼的《生命大设计.创生》（2024年版）中可以找到更完整的列表，以及关于宇宙如果稍有不同将会发生什么的示例性描述。

长期以来，还有许多间接或次要的证据支持生物中心主义的宇宙观。例如，我们很难回避这样一个事实：大约 200 个基本物理参数在整个宇宙中是不变的，就像描述电磁力强度的精细结构常数 α 那样，它们全都恰好具有允许生命存在的必需值。

当然了，这不可能是纯粹的巧合。但在科学领域，研究人员有理由喜欢援引"奥卡姆剃刀"原则（Occam's razor），即最简单的解释通常是正确的。所以，虽然这可能只是一个意外，但"意外"或其同义词"随机发生"确实是主流科学继续解释的方式。所有这 200 个物理常数都完美地调整到位，使恒星发光，使原子存在，使生命产生。

轻率地接受这种不太可能的巧合，会给科学留下很严重的隐疾。但如果你接受生物中心主义，即生命是中心，那么这些物理常数就不可能有其他的值了。什么都解决了，还有什么比这更简单、更被奥卡姆认可的呢？

怎么才能构建一个这样的科学实验呢？在这个实验中，一个物理系统置于意识的存在下，而另一个物理系统置于观察者的意识之外，这样就可以进行那种标准的 A/B 比较，以了解观察到底是如何影响事物的。

值得高兴的是，几十年来重复了数千次的双缝实验及其无数变异实验，已经为我们提供了参考。一次又一次，结果一致地表明：观察者的存在以及他或她如何进行测量，明确地决定了物理对象会变成什么。在一个点上测量，一个电子就是一个波。更早注意到的实验装置的中间点，即狭缝，不是最终的探测点，电子以粒子的形式存在。这是一目了然的案例。

一种特殊情况：改变 c，$\hbar$，G 和 ε_0 的值

常数 c（光速）、$\hbar$（约化普朗克常数）、G（引力常数）和 ε_0（介电常数）是基本常数，就现在讨论的特殊情况而言，它们的值可以任意选择。换句话说，存在着这样的单位制，这 4 个常数在其中可取任意值，而其他物理量和衍生常数则作为这种单位制中基本常数的乘积，用 c、$\hbar$、G 和 ε_0 来定义。这种单位制的一个例子是著名的普朗克单位制，其中 $c=\hbar=G=1$，及其衍生常数 $c=\hbar=G=4\pi\varepsilon_0=1$。

长度单位米，目前是以光速定义的。光速被赋予或者说被指定了一个接近 3×10^8 米 / 秒的确定值。因此，现在光速的数值是定义为不变的。也就是说，光速不再是可测量的量。

> 光速 c 出现在精细结构常数 α 的公式中，该常数决定了电磁相互作用的强度：$\alpha = e^2/(4\pi\varepsilon_0\hbar c)$。
>
> 由这个公式可见，改变 c，同时保持其他 3 个基本常数不变，也将改变 α，从而改变所有原子物理，包括我们了解的生命存在的可能性。
>
> 另一方面，可以改变 c，同时也可以改变 ε_0、$\hbar$ 和 G，以便 α 保持不变。这样就不会改变物理，只改变物理量的表达单位。
>
> 可能有一些常数对宇宙的形成没有起决定性的作用，没有那么重要。不管怎样，在这 200 个常数 / 参数的背后，很可能存在一个基本理论，可以解释它们之间的关系。如果是这样，改变其中任何一个都会改变宇宙的结构。

生物中心主义的未来影响

当我们寻找方法为科学提供它所渴望的确凿证据时，另一种可能的策略是研究时间（演化时）何时开始。是的，这是令人费解的想法，因为如果"时间"是事件先后顺序的标签，那么在没有时间的情况下，可测量结果的物理性演变就不可能发生。

而且，正如本书前面所讨论的，如果观察者的头脑具有记忆过去的能力，提供了记忆所需的重要机制，从而可以进行比较，那么时间就为我们提供了生物中心主义必要性的完美例证。

我们已经听过有 2 500 年历史的埃利亚的芝诺的故事。他推断，一支箭在飞行的任何特定瞬间必定只在一个地方。但他又说，如果箭只在一个地方，那么不管停留的时间多么短暂，它一定处于静止状态。因此，在其运动轨迹上的每一个瞬间，箭头都必须出现在某个地方、某个特定的位置。

逻辑上讲，与其说正在发生的是运动本身，不如说是一系列独立的事件。

同样，时间的前进运动不是外部世界的特征，而是在我们将所观察的事件联系在一起时，在内心产生的投射。

如果没有与另一点的关系，时间就没有意义。这是一个事件相对于另一个事件之间关系的概念。因此，要有时间箭头或方向性，观察者就必须有记忆。我们又回到了有意识的观察者不可避免的问题上。

谈及时间，现在是时候总结一下我们发现的启示了。探讨这些发现如何改变我们对自己的生活、未来以及日常现实的本质的看法，希望能让我们进一步弄明白量子理论，或观察者如何导致亚原子粒子坍缩行为的细节，进而将其具体应用于自己的生活。

那些对生物中心主义是什么、揭示了什么及其背后的证据有一定了解的人，你可能也会喜欢我们对生物中心主义批评者提出的一些常见问题，以及我们的回答和反驳的介绍（也在附录中）。你若还有其他的疑问，很可能也会在其中找到答案。

以下是生物中心主义的全部 11 条原则。请注意，前 7 条原则在第一本生物中心主义书中，各有自己的章节并配有插图；最后 4 条则来自你面前的这本书。

在重述完这些原则之后，我们一起期待这些原则未来能在宇宙、一般生命和我们个人生活方面产生巨大的意义吧。

生物中心主义的原则

生物中心主义第一原则：我们所感知的现实是一个涉及我们意识的过程。"外部"现实如果存在的话，根据定义，必须存在于空间的框架中。但空间和时间不是绝对的现实，而是人类和动物思维的工具。

生物中心主义第二原则：我们的外部感知和内部感知密不可分。

外部感知和内部感知是同一枚硬币的两面，彼此不能分离。

　　生物中心主义第三原则：所有粒子和物体的行为与观察者的存在密不可分。如果没有有意识的观察者，它们至多只能以概率波的不确定状态存在。

　　生物中心主义第四原则：没有意识，"物质"处于不确定的概率状态。任何可能先于意识的宇宙都只存在于概率状态中。

　　生物中心主义第五原则：宇宙的精密安排只能通过生物中心主义来解释，因为宇宙是为生命微调的。这完全说得通，因为生命创造了宇宙，而不是宇宙创造了生命。"宇宙"只不过是"自我"构建的时空逻辑。

　　生物中心主义第六原则：时间在动物感知之外并不真实存在。时间是人类感知宇宙变化的工具。

　　生物中心主义第七原则：空间是动物感知的另一种形式，没有独立的现实。我们像乌龟背着壳一样随身携带空间和时间。因此，允许独立于生命的物理事件发生，而又绝对自存的介质是不存在的。

　　生物中心主义第八原则：生物中心主义为大脑与物质和世界的统一提供了唯一的解释，显示了对大脑中的离子动态在量子水平上的调控，如何使我们与意识相关的信息系统的所有部分同时相互联系。

　　生物中心主义第九原则：大脑利用几种被称为"力"的基本关系来构建现实。这些关系根植于这样的逻辑——信息系统的各个组成部分如何相互作用，以创造我们称之为意识或现实的三维体验。每种力都描述了能量单元在不同层次上的相互作用，从强力和弱力开始（支配原子核内粒子的结合或分离），然后向上升到电磁力和引力（主导天文尺度上的相互作用，比如太阳系和星系的行为）。

> **生物中心主义第十原则**：物理学的两大支柱——量子力学和广义相对论，只能通过将我们观察者考虑在内来协调。
>
> **生物中心主义第十一原则**：即使在我们之外还有一个"现实世界"，无论它是场、量子泡沫还是其他实体，最终是观察者定义了物质和时空状态这些物理现实结构。

问题和批评

问：如果意识创造了现实，那么意识又是从哪里来的呢？

针对 2007 年发表在《连线》（*Wired*）杂志①上、与本书作者之一兰札的问答，科学作家亚当·罗杰斯（Adam Rogers）写了一篇后续博文。他说："兰札的结论是，我们需要了解意识的奥秘，这样我们才能解释单个神经簇是如何产生（他并没说从什么之中产生）虚幻宇宙的小碎片。我想，这是一个'先有鸡还是先有蛋'的问题。这些神经元可能并不是意识如何产生的故事的结尾，而这是我们不知道的另一个问题，但这至少是个开始。"

答：所谓的"先有鸡还是先有蛋"的问题并不存在。罗杰斯是用旧范式的眼光来看待新范式的。时间并不像时钟一样"在外面"嘀嗒作响。"之前"和"之后"没有独立于观察者的绝对意义。因此，关于意识之前发生了什么的问题毫无意义，这只是由于我们对物理学理解不完备而产生的。我们感知的世界是由我们确定的（见第 11 章和第 14 章）。

---

① 艾伦·洛维（Aaron Rowe），《生物学能解决宇宙问题吗？》，《连线》，2007 年 3 月 8 日。

问：生物大脑（brain）和头脑（mind）之间有什么区别吗？

在 nirmukta.com 网站上发表的一篇被广泛引用的对生物中心主义的批评文章指出："如果宇宙还没有被创造出来，'有生命的生物体'怎么可能存在？显然，兰札混淆了'意识'这个词的含义。在某种意义上，他将其等同于与生物大脑相联系的主观体验，他给存在于物质表现之外的时空逻辑赋予了意识。"

答：生物中心主义表明，外部世界实际上在头脑内部，而不是在大脑"内部"。大脑是占据特定位置的实际物理物体，以时空结构的形式存在。其他物体，如桌子和椅子，也是结构物，位于大脑之外。然而，大脑、桌子和椅子之类的物体都存在于"头脑"之中。头脑首先是时空结构的缔造者。因此，头脑指的是前时空，而大脑指的是后时空。你所体验到的是你的头脑对你身体的印象，包括你的大脑，就像你体验到的树木和星系一样。头脑无处不在，就是你看到、听到、感觉到的一切。大脑是大脑，树是树，各据其位。但是头脑不占据任何固定位置。头脑就在你观察、闻到或听到任何东西的地方。

问：在什么意义上，生物中心主义是一种理论？生物中心主义可以被证伪吗？

一些批评者声称，生物中心主义就像弦理论一样，不可证伪，它不能被推翻，因此不能被视为一种严格意义上的科学理论。

答：这显然是错误的。生物中心主义可以用一系列不同的实验来检验，如按比例扩展的叠加。事实上，波多尔斯基、巴文斯基和兰札的最新论文（见第 14 章）中描述的与观察者相关的变化是可测试的。生物中心主义可以通过在各种量子力学系统上进行真实实验和数值实验来检验。事实上，这些结果已经得到了数值上的检验，并将在不久的将来得到实验上的检验。

实际上，在本书的编写过程中，又一个生物中心主义的预测得到了实验证实。英国爱丁堡赫瑞瓦特大学的马西米利亚诺·普罗耶蒂和他的同事进行了一项量子实验，显示不存在客观现实（"局部观察者独立性的实验测试"，《科学进步》，2019 年 9 月 20 日）。长期以来，物理学家一直怀疑量子力学允许两个观察者体验不同的、相互冲突的现实。"如果坚持局域性和自由选择的假设，"两位作者写道，"这个结果意味着量子理论应该以依赖观察者的方式来解释"。

沿着这些思路，未来的实验可能会检验生物中心主义的其他预测。但生物中心主义的追随者不太可能对这样的结果感到惊讶。正如尤金·维格纳曾经说过的："意识的内容是终极现实，正是对外部世界研究导致的结论。"

问：生物中心主义声称，我们看到的颜色只存在于我们的大脑中。但如果与这些不同的颜色相对应的光粒子存在于外部世界，这怎么可能是正确的呢？

尼尔穆克塔（Nirmukta）是这样说的：

如果深入研究兰札所说的，你就会清楚地发现，他是在定位现实的相对本质，使它看起来与其客观存在不一致。兰札的推理依赖于对主观性和客观性概念的微妙混淆。以他对颜色的看法为例："考虑一下你所看到的'外部'所有物体的颜色和亮度，就其本身而言，光根本没有任何颜色或亮度。毫无疑问的现实是，没有你的意识，你所看到的一切都不可能出现。"再以兰札对天气的看法为例："我们走到外面，看到蓝天，大脑中的细胞很容易会改变，我们可以看到红色或绿色。我们认为天气炎热潮湿，但热带青蛙却感觉寒冷干燥。无论如何，你明白了吧。这一逻辑几乎适用于一切。"

兰札的说法只有部分是正确的。色彩是一种经验性真实，也就是说，是一种超越客观实在的描述性现象。没有物理学家会否认这点。然而，光的物理性质决定了颜色，这是自然宇宙的特征。因此，颜色的感官体验是主观的，但负责这种感官体验的光的属性在客观上是真实的。头脑并没有创造自然现象本身，而是创造了一种主观体验或现象的表征。

答：尼尔穆克塔的论点在多个层面上都有缺陷。任何光子或一点儿电磁辐射的"属性"都是波长和频率，即磁场和电场的振荡。可见光只占电磁波谱的一小部分。电磁波谱的梯度是连续的，其波长从较短到较长，包括伽马射线、雷达、无线电和微波，这些都不是我们所感知的"颜色"。这些场并不"负责"对颜色的感知；事实上，它们本身是完全不会被看见的。充其量，我们可以将视觉光谱体验认定为从暗到亮的灰度连续体，但不管怎么说这都应该是简单的定量体验。但事实并非如此。相反，我们有一种独特的定性体验，当光线落在视觉光谱的特定范围内时，我们会主观地体验到不同的颜色（见第 7 章）。

事实上，对颜色的"负责"或者说颜色产生的原因，取决于头脑对不可见能量的反应方式，比如说，它创造出"红色"或"蓝色"的体验。事实上，在更基本的层面上，这些光子本身只有在观测和波函数坍缩时才会出现。一些实验清楚地表明，光粒子本身在被实际观察到之前并不具有真正的属性。

几个世纪以来，颜色本身并不存在于"外面"，这一事实已被公认，牛顿在《光学》中的断言"射线……没有颜色"就证明了这一点。正如加拿大物理学家罗伊·毕晓普（Roy Bishop）在他广受欢迎的《观察家手册》（*Observer's Handbook*）年度版中所写的那样："眼睛探测不到彩虹的颜色，是大脑创造了颜色。"

问：记录生命和宇宙演化的所有证据是什么？

尼尔穆克塔问："虽然我们人类是最近才出现的，但我们的地球和太阳系以及整个宇宙一直都在那里，兰札能否认所有这些证据吗？有证据表明，生命形式已经出现并进化得越来越复杂，导致人类在地球进化史的某个阶段出现。那么这些客观证据是什么？所有关于生物和其他复杂形式进化的化石证据又是什么呢？人类怎么能自以为是地创造客观现实呢？"

答：问题是如何从物理现实的角度来解释这些"证据"，也就是说，我们是否应该继续坚持旧的决定论。

尽管经典进化论在帮助我们"理解过去"这方面做得很好，但它未能抓住进化的驱动力。要做到这一点，进化论需要将观察者囊括进来。

许多人认为，宇宙直到不久前还是一个没有生命的、相互碰撞的粒子集合体，在没有我们的情况下存在和演进。宇宙表现得就像一块手表，不知何故会自动上发条，然后以一种半可预测的方式放松发条。但正是我们这些观察者创造了时间之箭（见第 11 章）。正如霍金所说："没有办法将观察者从我们对世界的感知中移除……在经典物理学中，过去被假定为一系列已确定的事件，但是根据量子物理学，过去就像未来一样，是不确定的，只是作为一系列可能性存在。"

如果我们，即观察者坍缩了这些可能性，也就是说制造了过去和未来，那么，教科书中所描述的进化论将何去何从？在现在被确定之前，怎么可能有过去？事实上，宇宙并不像时钟一样机械地运行，不受我们的影响，从来都不是。过去始于观察者，而不是反过来。

至于尼尔穆克塔所问的"化石证据又是什么"的问题，我们的回答是，化石和自然界中的任何东西都没有区别。例如，你身体中的碳原子就是在超新星爆炸的中心形成的"化石"。我们的基本论点是，所有的物理现实都始于观察者，终于观察者。"发生在遥远宇宙中过去的某些事情，"惠勒说，"我们是参与者。"观察者是首要因素，这股至关重要的力量不仅坍缩了现在，而且也连锁坍缩了我们称之为演化的过去时空事件。

问：我们能用"意念力"改变周围的世界吗？

针对本书作者之一兰札在《人文主义者》①（*Humanist*）上发表的一篇文章，物理学家维克多·斯登格（Victor Stenger）写道："如果世界只是在我们的头脑中，如果我们真的能像新时代的人所相信的那样创造自己的现实，那么对我们所有人来说，世界将是一个截然不同的地方。这个世界几乎不是我们想要的样子，这一事实就是我们无话可说的最好证据。对于不愿意接受科学、

①《明智的沉默》（*The Wise Silence*），1992 年 11 月/12 月。

理性和他们自己眼睛所告诉他们的世界的人，量子意识就是他们另一个幻想的产物，应该与神、独角兽和龙相提并论。"

答：生物中心主义决不认为我们可以简单地按照规范去"创造我们自己的现实"。在本附录前面提到的《连线》采访中，采访者问道："你是否期望有些人读了你的文章，就会认为你的意思是他们可以坐在山顶上冥想，靠意念力来改变他们周围的世界？"兰札回答说："我们并不指望跳下屋顶而不受伤。无论我们有多渴望这样，但都不能违反时空逻辑的规则。"

这就好像你去杂货店买的是一盒玉米片或麦片，第二天早上无论多么想吃，你也不会在橱柜里找到果脆圈一样。

问：哥本哈根诠释还是多世界诠释？

一位评论家在提到《生命大设计.创生》时写道：

> 你说："如果我们想要某种替代'被人看了就波函数坍缩'的观点，并且避免那种鬼魅般的超距相互作用，我们可能会成为哥本哈根诠释的竞争对手——'多世界诠释'的拥趸。后者认为任何事情都可能发生，的确会发生……根据霍金等现代理论物理学家所支持的这种观点，我们的宇宙根本没有叠加性或不一致。"但你补充说："过去几十年的所有纠缠实验，越来越倾向于证实哥本哈根诠释而不是其他理论。而这一点，正如我们所说，强烈支持生物中心主义。"

> 你认为哪种观点最有说服力？如果其中一种观点是正确的，它将如何改变生物中心主义？

答：根据生物中心主义，哥本哈根诠释或多或少是正确的，但需要进行一些重要的修改：

◎ 物理系统在被测量之前没有明确的属性，并且波函数坍缩只发生在活体观察者的测量中，而不是在由无生命物体——就比如照相机或其他记录信息的测量设备进行的测量中（见下一个问题）。后者的信息在被意识观察到之前处于叠加态。

◎ 坍缩的波函数不是"真实"的东西，而只是一种统计学上的解释。

◎ 叠加不是"真实"的东西，代表了统计学上的可能性。

"多元世界"和"多元宇宙"的总体理念也与生物中心主义相兼容。不幸的是，正版的多世界诠释的几个关键部分同样需要修改：

◎ 大多数版本的多世界诠释都包含这样的思路：没有嵌入观察者的系统的时间演化的物理学方程，足以模拟包含观察者的系统；特别是，不存在哥本哈根诠释提出的那种由纯粹观察触发的波函数坍缩。当然，根据生物中心主义，这是不正确的。

◎ 所有"可能"的平行历史和未来都是真实的，每一个都代表一个真实的世界/宇宙。然而，任何世界或宇宙都不可能独立于有意识的观察者而存在。

◎ 起始的"宇宙波函数"没有客观现实，只是对可能性的统计描述。

问：退相干/波函数坍缩是否需要有意识的观察者？

耶鲁大学神经学助理教授史蒂文·诺维拉（Steven Novella）以持怀疑态度的博客文章而闻名。他声称："演化不需要观察者，演化过程中没有任何东西需要，对自然的观察也不需要。玻尔所说的是概率波坍缩的量子现象。但这不需要字面意义上的观察者，而只需要与周围环境相互作用的……没有我们，宇宙也能很好地观察自己。"

答：一些科学家认为，只要遇到另一个粒子，粒子的波函数坍缩就会发生，也就是说，环境本身可以做到这一点。但是，与我们持同样观点的其他人认为，概率量子态退相干需要更宏观的东西，实际上就是活着的观察者。

我们知道，并不是每个测量都会导致量子相干性的损失，即导致波函数坍缩。例如，亚原子领域的基本粒子，就不会失去量子相干性，尽管它们一直在探测彼此的状态。为了使波函数坍缩，测量量子物体状态的装置必须是宏观的。长期以来，这似乎解释了为什么微观世界的物理学，与日常生活中我们周围的事件和物体紧密相关的宏观物理学截然不同。

为什么进行观测的设备或物体是宏观的时候会发生坍缩？"宏观"意味着并非物体的所有部分都被同时观察到，因此其属性是未知的。众所周知，这种不完全性会导致退相干和波函数坍缩。

例如，如果有两个处于纠缠状态的电子，只测量一个电子的属性而不掌握第二个粒子的信息将导致明显的退相干，即两个粒子的纠缠被破坏。另一方面，如果获得了两个纠缠粒子的状态信息，实验表明，这两个粒子的纠缠被重新建立。

如果能同时测量宇宙中所有粒子的量子态，你将体验到的只有量子力学的概率模糊，而永远不会体验到我们所生活的确定性世界。在这个世界里，每个人要么是活着的，要么是死的。但是，当然，世界对我们来说是确定的，这仅仅归功于我们的感官和大脑。例如，我们的眼睛无法探测到超高能宇宙射线、宇宙微波背景辐射或亚原子粒子的微小运动。我们的感官是有限的，头脑也是有限的，无法处理宇宙中同时发生的所有事件。最终，由于我们无法看到和感知整个宇宙，我们体验到的是其量子一致性似乎消失的状态。

我们的论文《论量子引力中的退相干》（ *On decoherence in quantum gravity* ）清楚地表明，量子引力和物质本身的内在属性，无法解释时间的出现以及我们日常世界中量子纠缠缺失的巨大效力。量子引力退相干效力太低，无法保证时间之箭的出现以及在给定物理尺度上发生的"量子到经典"的转变。该文认为，时间之箭的出现与凡胎肉体的观察者的性质和属性直接相关；"无脑"观测者不会以任何自由度体验时间和/或退相干。

最后的讨论

2007 年春天，本书作者之一兰札在《美国学者》杂志上的一篇文章中介绍了生物中心主义，题为"宇宙新论——以量子物理学为基础，生物中心主义将生命纳入方程式"。天体物理学家兼科学作家戴维·林德利（David Lindley）在《今日美国》（*USA Today*）上发表了一篇回应性文章[1]：

> 我不同意兰札关于物理学的观点。他想说，所有的物理现实都在我们的头脑中，但他对相对论和量子力学的解释是错误的。
>
> 首先，他声称爱因斯坦使空间和时间依赖于观察者，因此是主观的，所以除了我们所感知的之外，没有空间和时间这样的东西。恕我不能苟同。诚然，爱因斯坦抛弃了旧的牛顿绝对论，并证明了空间和时间的测量对所有观察者来说都是不同的。但有一点至关重要，他构建了新的时空系统，展示了如何协调这些不同的测量值。也就是说，相对论保留了被称为时空的客观物理框架，具有特定的几何结构，但允许观察者以不同的方式绘制时空。

林德利补充道："兰札的出发点是，需要意识来'创造'现实。这些年来，此观点有一些拥趸，但因为一直是奇思怪想，直到今天也没有受到重视。"

林德利最后说："最后，我忍不住想，兰札的论点中潜藏着强烈的虚荣心。他说，宇宙之所以存在，是因为我们来这里观察宇宙，并成为宇宙的一部分。我会走到另一个极端。我认为，宇宙在我们出现之前很久就存在了，是真正的物质世界，而我们人类只是一小块岩石表面上的有机物碎屑。在宇宙中，我们和浴帘上的霉菌没什么两样。"

兰札的回应：戴维·林德利在其文章中，自始至终都在对生物中心主义的立场进行曲解和过度简化。例如，他说我声称爱因斯坦使空间和时间成为

---

[1]《独家报道：对罗伯特·兰札文章的回应》，《今日美国》，2007 年 3 月 8 日。

主观的。这根本是错误的。爱因斯坦在狭义相对论中构想的时空是独立的实体，有其自身的存在和结构。无论是否有观察者在场，该"时钟"都会嘀嗒作响。无论是行星或恒星这样的无生命物体，还是如土拨鼠或人类这样的生物，都具有同样多的现实性。爱因斯坦的理论为时空赋予了客观现实性，与在其舞台上发生的任何事件无关。只在事后我们才意识到，爱因斯坦只是用四维独立实体代替了三维实体。事实上，在关于广义相对论的论文一开始，爱因斯坦就对其狭义相对论提出了同样的担忧。

物理学家相信，他们可以在不包括生物的情况下师法自然。但是，如果确实有一个地方可以让科学安全地打下基础，那也不会是他们想象的地方。当然，物理学家痴迷于数学和方程式、黑洞和光粒子。他们活在世界的云端之上，因此，错过了窗外的很多东西。然而，在池塘里睡莲和香蒲附近嬉戏的鸭子和鸬鹚，还有蝴蝶和狼，这些都是答案的重要组成部分。许多科学界人士还没有认识到，宇宙不能与生活其中的生命分离。

林德利还引用了我文章中的一句话，"我们在浴室时，厨房就消失了"。他问："这怎么可能呢？我们真的应该想象，我们不在厨房时，厨房就会消失，而我们回来时，厨房又会以完全相同的形式回来吗？"当然，我们第一次观察到时，厨房的波函数就坍缩了，这种坍缩的记录还留在我们的记忆中。

最后，林德利说："兰札的出发点是，需要意识来'创造'现实……此观点一直是奇思怪想，直到今天也没有受到重视。"林德利可能不会认真对待，但很多人肯定会。诺贝尔奖获得者、量子力学本身的创始人沃纳·海森堡说："当代科学，今天比以往任何时候都更多地受到自然界本身的迫使，再次提出通过心理过程理解现实的可能性这个老问题，并以略微不同的方式来回答这个问题。"事实上，20世纪另一位最伟大的物理学家尤金·维格纳也表示："不考虑观察者的意识，就不可能以完全一致的方式表述物理定律。"

如果你想要更多最近的例子，请再分析一下2007年发表在《科学》杂志上的那个颇具争议的实验（见第 7 章）。^① 这个具有里程碑意义的实验表明，现在做出的选择可以对过去已经发生过的事件产生回溯性的影响。这项实验和其他实验清楚地表明，空间和时间是相对于观察者的。实验还继续表明，物质本身的属性是由观察者决定的。

在这些实验中，如果你看着它，一个粒子会穿过一个孔，但如果你不看它，它反而会同时穿过多个孔。到目前为止，科学还没有对"世界是如何变成这样的"提供解释。我提出的关于以生命和意识为中心的现实的理论，是第一个提供了科学有力解释的理论。

我们需要面对已经积累起来的实验。我们不能只是继续说"哎呀，太奇怪了"，然后把头牢牢地埋回沙子里。科学的目标是解释我们周围的世界。然而，尽管有那么多的证据，科学家们仍然把观察者看作是麻烦，把与观察者有关的效应看作是搅乱他们理论的怪现象。我们的理论把答案归因于观察者，即生物体，而不是物质。通过该理论，相对论和量子论的所有奇怪发现第一次有了意义。

一百多年来，掌舵的物理学家们一直未能调和科学的基础。是时候展开关于宇宙本质的讨论了，我们不仅要面向整个科学界，而且要面向全世界。

是时候开始重新思考了。

---

① 雅克（Jacques）等人，《惠勒延迟选择思维实验的实验实现》，《科学》第 315 期，第 966 页（2007 年）。

生命大设计

—重构—

—

THE GRAND
BIOCENTRIC DESIGN

罗伯特·兰札（Robert Lanza）

《时代》杂志上的兰札　　　　《财富》杂志上的兰札

罗伯特·兰札被《时代》杂志评选为 2014 年 "全球最具影响力的 100 人"。

《财富》杂志以《干细胞研究领域的旗手》为题对兰札博士及其研究进行了报道，该报道包括如下内容：

2012 年 2 月，兰札博士在《柳叶刀》杂志上发表了一篇文章，详细阐述了有两名女性黄斑病变患者参与的早期临床试验。在这项试验中，加州大学洛杉矶分校的一位眼科医师向两名女性患者各移植了 5 万个视网膜细胞，这些细胞是通过诱导人类胚胎干细胞获得的。据该文描述，2 名患者的视力都得到了改善，只是两者的改善程度并不一样。接受某次注入后，一名患者已经可以独自地逛商场、使用电脑和倒咖啡；而另一名患者只能看清简单的颜色，只能识别出视力表字母中的 5 个。如果有一天，兰札博士因拯救数百万人免于失明而被人铭记，那么对本·阿弗莱克（美国知名导演、演员）而言，兰札博士的故事将会是一部现成的传记片。

兰札博士出生于波士顿的一个贫困小镇，由一名职业赌徒抚养长大。凭借聪明才智和想象力，他成功地摆脱了贫困。13 岁时，他修改了一只鸡的基因，使其改变了颜色，这个实验被刊登在《自然》杂志上。与他不一样，他的妹妹的命运很不幸，连高中学业都未能完成。兰札取得了宾夕法尼亚大学医学博士学位，还是一位富布莱特学者。他曾与许多科学巨子合作过，包括 B.F. 斯金纳（B.F. Skinner）和乔纳斯·索尔克。如今，兰札博士是干细胞研究领域的旗手。

获奖及荣誉

2015 年

《展望》（*Prospect*）杂志"世界思想家"前 50 名

2014 年

被《时代》杂志评为"全球最具影响力的 100 人"，同时上榜的还有罗伯特·雷德福等先驱、领袖及伟人

获得《发现》杂志"人民选择奖"之"年度最佳科研故事"奖

在《柳叶刀》（*The Lancet*）杂志上发表文章，首次证明具有生物活性的

多能干细胞可用来治疗各种类型的患者，并利用人类胚胎干细胞成功治疗了患有严重眼疾的病人

2013 年

获得圣马克金狮奖之医学奖

被评选为"全球干细胞领域 50 大最具影响力的人物"（与詹姆斯·汤姆森和诺贝尔经济学奖得主山中伸弥同列排行榜第 4 位）

2012 年

被《财富》杂志誉为"干细胞研究领域的旗手"

2010 年

因其在"将基础科学研究转化为有效的临床实践"方面的成就，获得美国国立卫生研究院主任奖

被《生物世界》（*BioWorld*）评选为 28 位"影响未来 20 年生物技术的领导者"之一，同年获得该称号的还有公然挑战"国际人类基因组计划"的生物学家克莱格·文特尔、美国时任总统贝拉克·奥巴马

2008 年

被《美国新闻与世界报道》杂志的封面报道誉为"天才""叛逆的思想家"，甚至将其与爱因斯坦相媲美

2007 年

由于"其在药物作用原理方面的发现影响了今日和未来的原则"，被 *VOICE* 杂志评为"生命科学行业中 100 位最鼓舞人心的人物之一"

获布朗大学"当代生物领域杰出贡献奖"，以"奖励其在干细胞领域中的开创性研究与贡献"

2006 年

获得 *Mass High Tech* 杂志"生物技术类全明星奖",以"奖励其对干细胞研究的未来的推动"

2005 年

由于"在胚胎干细胞研究领域令人瞩目的工作",获得《连线》杂志"赞扬奖"

还获得过马萨诸塞州医疗协会奖、《波士顿环球报》的威廉·O.泰勒奖等奖项

2003 年

从死去约 25 年的爪哇野牛身上提取了皮肤细胞,并利用这些细胞成功地克隆了爪哇野牛

前沿生物学家

罗伯特·兰札,医学博士,世界上最受尊敬的科学家之一。

兰札博士现在是安斯泰来全球再生医学负责人、安斯泰来再生医学研究所首席科学家,并任维克森林大学医学院的兼职教授。

兰札博士拥有数百项发明专利,发表了数百篇学术论文,并著有三十多本科学图书,其中《机体组织工程原理》(*Principles of Tissue Engineering*)被视为该领域最具权威性的参考书;《干细胞手册》(*Handbook of Stem Cells*)、《干细胞生物学纲要》(*Essentials of Stem Cell Biology*)被视为干细胞研究的权威图书。兰札博士的其他著作包括《一个世界:21 世纪人类的健康和生存》(*One World: The Health & Survival of the Human Species in the 21st Century*,由美国前总统吉米·卡特作序)等。

兰札博士在宾夕法尼亚大学获得学士学位和博士学位,是该校的大学学

者和本杰明·富兰克林学者。他还是一名富布莱特学者。

兰札博士的工作成果加深了我们对细胞核移植和干细胞生物学的理解。兰札博士的团队克隆出世界上首个人体胚胎，并通过体细胞核移植（治疗性克隆）首次成功生成干细胞。2001 年，他成功克隆了印度野牛，成为世界上第一个成功克隆濒危物种的人。2003 年，他从圣地亚哥动物园已死去约 25 年的爪哇野牛身上提取了皮肤细胞并冻结，之后利用这些细胞，成功克隆出了爪哇野牛。

最近，他又发表了一篇关于多能干细胞应用于人体的学术文章。而且，兰札博士及其同事首次展示了核移植技术可以用来逆转细胞的衰老过程，也可用来培育无排斥反应的组织（包括利用克隆细胞制造组织工程器官）。在职业生涯早期，他就阐明了利用在植入前基因诊断过程中所使用的技术，可以在不伤害胚胎的情况下，生成人类胚胎干细胞（hESC）。

兰札博士和其同事还成功诱导人类多能干细胞分化为视网膜细胞（RPE），并通过试验证明了这些视网膜细胞能长期性地改善接受试验的失明动物的视力。

据此，某些人类眼疾将可得到治疗，比如老年性黄斑变性和青少年性黄斑变性（这种眼疾会导致青少年和年轻成人失明，目前还无法治愈）。利用这种技术，兰札的公司刚在美国完成了两项"治疗退行性眼疾"的临床试验，并首次在欧洲进行多能干细胞试验。

2014 年 10 月，兰札博士及同事在《柳叶刀》杂志上发表了一篇文章，首次提出证据，证明具有生物活性的多能干细胞可用来治疗各种类型的患者，且具有长期的安全性。

诱导胚胎干细胞获得的视网膜细胞被注入 18 名或患有青少年性黄斑变性或患有老年性黄斑变性的病人的眼部，之后研究团队持续跟踪研究这些患者长达 3 年，3 年后的测试结果显示：较之前而言，半数患者能看到视力表的更多 3 行字母，视力的改善给他们的日常生活带来了质的改变。

对于这篇重要的论文，《华尔街日报》报道科学研究的记者高塔姆·奈克评论说："在过去的 20 年时间里，科学家一直都梦想着利用人类胚胎干细胞来治疗疾病。现在，这一天终于到来了……科学家已利用人类胚胎干细胞成功改善了严重的眼疾患者的视力。"

兰札博士及其身在韩国的同事首次报告了多能干细胞在亚洲患者身上具有的安全性和潜能。在临床试验中，诱导人类胚胎干细胞得到的视网膜细胞被移植到 4 名亚洲患者身上（其中两人患有老年性黄斑变性，另两人患有青少年性黄斑变性）。临床试验结果表明，移植细胞并没有带来安全问题。而且，其中 3 人看清了 9 到 19 个字母，另一患者的视敏度则保持稳定（多看清了 1 个字母）。这些临床试验结果证明了，诱导人类胚胎干细胞得到的分化后的细胞可成为组织的新来源，是再生医学的福音。

2009 年，兰札博士与由金光洙带领的哈佛大学团队共同发表了一篇文章，描述了诱导多能干细胞的安全方法。此方法通过直接影响皮肤细胞的蛋白质的分泌，诱导皮肤细胞成为多能干细胞，避免了基因操作带来的潜在风险。利用这种新方法，科学家可以获得安全的、没有排斥反应的多能干细胞，这为进一步临床运用提供了坚实的保障。

鉴于其重要性，《自然》杂志的编辑选择这篇关于蛋白质编程的文章作为当年的五大科研亮点之一。《发现》杂志也评论道："兰札心无旁骛的探究引领我们走进了新时代，带来了全新的科学观点和突破性发现。"

兰札博士的研究成果令人瞩目，被世界上多家知名媒体报道，其中包括美国有线电视新闻网（CNN）、《时代》、《新闻周刊》、《人物》杂志。此外，他的故事及其研究成果也多次出现在《纽约时报》《华尔街日报》《华盛顿邮报》等报纸的头版中。

兰札博士曾与我们这个时代许多伟大的思想家和科学家共事，其中有诺贝尔奖得主杰拉尔德·埃德尔曼（Gerald Edelman）和罗德尼·波特（Rodney Porter）、哈佛大学著名心理学家 B.F. 斯金纳、脊髓灰质炎疫苗的发现者乔纳斯·索尔克，以及心脏移植先驱克里斯蒂安·巴纳德（Christian Barnard）。

生物中心主义奠基人

2007 年，兰札博士一篇题为《宇宙新论》（*A New Theory of the Universe*）的文章被刊登在《美国学者》（*The American Scholar*，前沿学术杂志，曾发表过阿尔伯特·爱因斯坦、玛格丽特·米德、卡尔·萨根等著名学者的文章）杂志上。

他的理论把生物学置于其他学科之上，试图解决自然界的大谜题之一，即"万物理论"（Theory of Everything）。20 世纪以来，其他学科一直尝试着解答这个问题，但都没有获得令人满意的答案。兰札博士关于宇宙和存在的观点也被称为"生物中心主义"。

生物中心主义提出了一个新的观点：如果不考虑生命和意识，我们当前关于物质世界的理论是无效的，也绝不会使它有效。经过数十亿年无生命的物质过程之后，并非迟来的和次要结果的生命与意识，绝对是我们理解宇宙的基础。空间和时间不过是动物的某种感官活动，而不是外在的物理对象。

若是更全面地理解生物中心主义，我们便能破解主流科学的许多重大谜团，也能以全新的视角观察各种对象，包括微观世界，塑造了宇宙万物的各种各样的力、能量和法则。

马泰·帕夫希奇（Matej Pavšič）

马泰·帕夫希奇是一位对理论物理基本问题感兴趣的物理学家。他在斯洛文尼亚卢布尔雅那（Ljubljana）的约瑟夫·斯特凡（Jožef Stefan）研究所从事研究工作40多年。其间，他经常研究当时没有引起广泛关注，但后来成为热门话题的课题。例如，20世纪70年代，帕夫希奇研究了卡鲁扎·克莱因（Kaluza-Klein）等人的高维理论，当时这些理论还不是很流行，而在80年代，他提出了膜世界的一个早期版本，发表在《经典与量子引力》（*Classical and Quantum Gravity*）等刊物上。

马泰·帕夫希奇

马泰·帕夫希奇总共发表了100多篇科学论文，出版了《理论物理的景观：全球视野》（*The Landscape of Theoretical Physics: A Global View*）（克鲁弗学术出版社，2001年出版）。他是镜像粒子、膜世界、克利福德空间等领域的先驱作家之一，最近发表了重要作品，解释了为什么高阶导数理论中的负能量没有问题，这对量子引力至关重要。

　　帕夫希奇在卢布尔雅那大学学习物理学。1975 年获得硕士学位后，他在意大利卡塔尼亚（Catania）的理论物理研究所工作了 1 年，与伊拉斯莫·雷卡米（Erasmo Recami）和皮耶罗·卡尔迪罗拉（Piero Caldirola）合作。在他们的指导下，帕夫希奇完成了博士论文，后来在卢布尔雅那大学进行了答辩。

　　马泰·帕夫希奇作为特邀发言人参加了许多会议，并定期访问位于的里雅斯特（Trieste）的国际理论物理中心（International Centre for Theoretical Physics，简称 ICTP），与著名的理论物理学家阿西姆·O. 巴鲁特（Asim O. Barut）一起工作。

鲍勃·伯曼（Bob Berman）

鲍勃·伯曼是一位天文学家、作家、科普人。他在自己位于纽约伍德斯托克的家里设立了天文观测台。

鲍勃·伯曼

鲍勃·伯曼是《天文学》杂志的特约编辑，长期担任《老农民年历》（*Old Farmer's Almanac*）的科学编辑。他曾任《发现》杂志的特约编辑，曾在玛丽蒙特大学文理学院担任天文学副教授。他为 WAMC 东北公共广播（WAMC Northeast Public Radio）的《神奇宇宙》（*Strange Universe*）栏目创作了多篇文章，在8个州可以被收听到。

鲍勃·伯曼还曾担任哥伦比亚广播公司（CBS）《今晨》（*This Morning*）节目及《大卫·莱特曼深夜秀》（*Late Night with David Letterman*）节目的嘉宾，也曾任美国全国广播公司（NBC）《今日秀》（*Today Show*）节目的嘉宾。

延伸阅读

《生命大设计》系列简中版封面

《生命大设计.创生》　　　　《生命大设计.涌现》　　　　《生命大设计.重构》

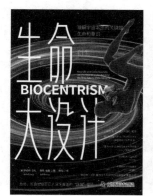  

生命大设计系列书籍原版英文书名：（左起）

图 1：*Biocentrism-How Life and Consciousness are the Keys to Understanding the True Nature of the Universe*

图 2：*Beyond Biocentrism-Rethinking Time, Space, Consciousness and the Illusion of Death*

图 3：*The Grand Biocentric Design-How Life Creates Reality*

生命大设计

— 重构 —

—

—

THE GRAND
BIOCENTRIC DESIGN

—

乔治·丘奇（George Church）

美国哈佛大学医学院罗伯特·温斯洛普（Robert Winthrop）遗传学教授

哈佛大学和麻省理工学院的健康科学和技术教授

美国国家科学院和国家工程院院士

　　如果你沉迷于探索人类是否是定义宇宙的观察者，那《生命大设计·重构》就是你期盼已久的书，它能大大推进你这方面的研究。此书由一位重量级干细胞生物学家与一位著名理论物理学家联袂编写，连贯、全新、可读性强、图文并茂，像独角兽一样罕见，你一定会喜欢的。《生命大设计·重构》为研究宇宙的物理学开辟了新领域，提供了"确凿的证据"，最终证实，物理现实本身的结构由观察者确定。

理查德·康恩·亨利（Richard Conn Henry）

约翰斯·霍普金斯大学物理学和天文学研究院教授

美国宇航局天体物理部前副主任

　　《生命大设计·重构》出色地将我们的注意力引向整个宇宙最重要的特征：

人类的意识。通过深入研究，罗伯特·兰札雄辩地阐述了我们人类的思想对宇宙深层次数学机制的渗透，揭示了其深刻和纯粹的精神特征。事实上，正是物理学家对外部世界的微观研究，最生动地揭示了宇宙的"大生物中心设计"。这本新书揭示了我们宇宙的真实本质，让我们所有人都能深入地寻找更充分的理解和意义。

罗纳德·M. 葛林（Ronald M. Green）
达特茅斯学院道德和人类价值研究荣誉教授
宗教系荣誉教授，伦理研究所前主任

　　1887 年，迈克尔逊-莫利实验出人意料地表明，天空中"以太"并不存在。这颠覆了经典物理学，促使了爱因斯坦的相对论和原子弹的诞生。从那时起，量子物理学揭示了观察者的意识在塑造我们所体验的世界中所起的决定性作用。这些实验也颠覆了我们的认知，即时间和空间是客观存在的。和以前一样，一种新的理论即将诞生。生物中心主义就是这样一种理论……对于那些为当代物理学不解之谜寻找答案的人来说，《生命大设计.重构》是必读书目。

帕梅拉·温特劳布（Pamela Weintraub）
《万古杂志》（*Aeon Magazine*）**杂志主编，《发现》杂志前执行主编**
《奥秘》（*OMNI*）**杂志主编**

　　罗伯特·兰札在孩提时代就认为，生物是最值得科学研究的课题。现在，在他关于这一主题的第三本，也是最好的书《生命大设计.重构》中，兰札和同事们以前所未有的严谨,用物理学的犀利眼光来解读他的生物中心主义理论。他们将量子物理学的怪异之处提升到了一个新的高度，定义了现实本身，并为"时间旅行是可能的""死亡是幻觉""生命是一朵永远盛开的花"的诱人想法提供了坚实的基础。如果你认为生物中心主义只是哲学,那就请看看这本书吧,你会发现科学才是它的核心。

196

卢西恩·V. 德尔·普廖雷（Lucian V. Del Priore）

耶鲁大学罗伯特·R. 杨（Robert R. Young）教授，医学博士、物理学博士

量子力学的革命引入了令人困惑的反直觉思想，这些思想超出了人类的经验范围，包括波粒二象性、分子结构的量子化、薛定谔的猫和海森堡不确定性原理等。一些重要的悖论仍未得到解释，包括相隔甚远的粒子之间的量子耦合，即远距离作用思想。针对这个难题，罗伯特·兰札与理论物理学家马泰·帕夫希奇合著了《生命大设计．重构》一书，提出了一个独特的、打破范式的概念，即生物系统是主要的，影响着我们对物理系统的感知。兰札是一位有成就的干细胞生物学家，也是一位原创思想家。在这本精彩的书中，作者阐述了其对生物学和物理学之间相互作用的想法，这本书对受过教育的普通读者来说是很容易理解的。这部富有洞察力的作品一定会激发我们对生物和物理世界本质的更深层次的探索。

金光洙（Kwang-Soo Kim）

哈佛大学医学院精神病学和神经科学教授

麦克林医院神经生物学实验室主任

罗伯特·兰札是我所认识的最有创造力、最杰出的科学家之一。自很小的时候就确信生物是科学研究的对象以来，他就一直致力于生物学和生命的研究。《生命大设计．重构》是他基于毕生科学之旅的最新创作，为我们理解存在和意识开辟了一个新的生物学视角。

拉尔夫·莱文森（Ralph Levinson）

美国加州大学洛杉矶分校健康科学系荣誉教授

这本书太棒了！我一读起来就欲罢不能！这是一部将改变你生活的作品。罗伯特·兰札和合著者承担起了重新审视量子理论、相对论和意识的艰巨任务。你永远不会再以同样的方式看待科学，甚至是生命和死亡。

罗伯特·威尔逊（Robert Wilson）
《美国学者》（*American Scholar*）杂志主编

在罗伯特·兰札之前的两本关于生物中心主义的书中（与鲍勃·伯曼合著），他提出了一个大胆的宇宙新理论。这个理论以意识为中心，建立在量子物理学的洞察力之上。在本书中，兰札与理论物理学家马泰·帕夫希奇一起，努力用适合一般读者的语言解释这一理论背后的科学。该理论与唯物主义的宇宙观有着天壤之别，让人觉得有些烧脑，但拉尔夫·沃尔多·爱默生和斯蒂芬·霍金等各种各样的思想家都对这些作家所描述的东西有过暗示。

安东尼·阿塔拉（Anthony Atala）
维克森林大学再生医学研究所主任，W. 博伊斯（W. Boyce）教授兼主席
美国国家医学院、国家科学院、工程院、医学院成员

兰札和同事们再次继续指导那些渴望了解我们宇宙的读者。这本必读书是一部杰作，讨论了新兴的研究，从生物中心主义的视角，回答了"关于世界如何运转"以及"我们是谁"的问题。如果你曾在夜晚站在海滩上仰望辽阔的天空，思考宇宙从何而来，那么关于现实和意识、时间体验以及我们如何感知时间的突破，将为你的存在和你周围的一切提供发人深省、改变生活的见解。

生命大设计 重构 | 致谢

我们要感谢出版商格伦·耶瑟斯（Glenn Yeffeth），以及亚历山大·史蒂文森（Alexa Stevenson）和帕特·斯蒂尔（Pate Steele）所提供的出色编辑协助。我们还要感谢杰奎琳·罗杰斯（Jacqueline Rogers）为本书提供的插图，以及德米特里·波多尔斯基在第 11 章和第 14 章中提供的帮助。本书中的不同材料分别取材自《赫芬顿邮报》《奥秘》《探索》和《今日心理学》（*Psychology Today*）。

致艾略特·斯泰勒——最关心我的人

（人物故事见《后记》）

艾略特·斯泰勒（Eliot Stellar）

图片来源：宾夕法尼亚大学校档案中心。

艾略特·斯泰勒（1919—1993）

行为神经科学的创始人之一。照片展示的是 1978 年他在办公桌前的样子，当时他担任兰札的导师。

斯泰勒晚年把大部分时间奉献给了美国国家科学院（National Academy of Sciences）的人权委员会。从 1983 年起，他一直担任该委员会的主席，直到他生命的最后一刻。这期间的工作中，他积极游说，为科学家在世界各地开展工作争取自由，并代表那些有可能失去生命或遭受巨大困难的被监禁的科学家进行斡旋。

——摘自宾夕法尼亚大学档案馆"艾略特·斯泰勒文献"

致最关心我的人

有时候，如果不愿意灵活评估新情况，问题似乎就无法解决，无论是个人问题还是科学问题，都是这样。第一次世界大战开始之前，物理学正是陷入了这样的僵局，不过最终是被一小撮规则破坏者打破了。我在半个世纪前的困境，也是被一位英雄打破了。

发现 DNA 双螺旋结构的詹姆斯·沃森（James Watson）曾经说过："有时候你必须做好准备，去做一些别人说你没有资格做的事情。"他还说："既然知道会遇到麻烦，就得有人在你深陷困境时来拯救你。所以，最好总是能让人信任你。"这个能拯救我的人就是艾略特·斯泰勒，宾夕法尼亚大学的教务长，享有声望的美国国家科学院人权委员会主席。

学生时期，我时常遇到麻烦，但这并没有阻止我沿着危险的道路前进。我当时很年轻，也很理想化。不仅对科学如何描述世界感到不满，还对科学未能利用现有的成就和技术，来改善世界大部分地区的人类生存状况感到不满。[①] 还在医学院读书的时候，我决定通过编写一本书来解决我后一种

[①]在给我的一份工作推荐信中，斯泰勒曾说："他有点叛逆，但爱因斯坦也是这样的。"我不确定自己与爱因斯坦比较是否实至名归，但我作为叛逆者或麻烦制造者的名声肯定是这样的。

201

不满的问题。这本书旨在从多角度对医学和科学的现状，以及未来的发展方向描绘一幅蓝图。这本书邀请来自不同学科的顶尖科学家撰稿，讨论科学的现状和他们的想法，并希望他们针对未来应该做出的必要改变提出思路和建议。

要在众多可能的撰稿人中做出选择并不容易，而且我完全不确定他们对我的要求会有什么样的反应。最后，我写信给心脏移植先驱克里斯琴·巴纳德（Christiaan Barnard）、美国卫生部长、世界卫生组织总干事、诺贝尔和平奖和列宁和平奖获得者等人。没想到反响热烈，但正是这种反应引发了问题。

因为我在邀请函上用了我所在医学院的邮箱地址。院长办公室开始接到电话，如美国卫生部长打来……是找我的。这激怒了学生院长，他想让我发出后续信件，向那些收到我要求为这本书撰稿的人解释我是一名医学院学生。在他看来，这个项目可能会失败。当然，他没错。

但是，我认为如果这样做，会削弱撰稿人的信心。更重要的是，在我看来，这本书是我个人的项目，与院长无关。院长把我叫到他的办公室，命令我寄出后续信件时，我就是这么说的。作为对我拒绝的回应，他说，如果不照他说的做，就让我拿不到医学博士学位。就在当场，我告诉他我已经得到了我想要的，那就是医学教育。当我对他说，我不是为了一纸文凭而来时，他似乎大吃一惊。

对话变成了交锋。最后，院长说："从来没有一个学生敢像你这样跟我说话！"我站起来，用手指着他的鼻子说："我是在以一个人对另一个人的身份跟你说话。"我们吵得很凶，就在这时，有人敲门，一个声音说："弗雷德，没事吧？我们开会要迟到了。"

"我要迟点去了，你先去吧。"院长回答道。结束对峙时，院长告诉我，我最好找位教员作为导师来为我辩护。

当然，我直接去找艾略特·斯泰勒解释了这件事。"谁是你的导师？"斯泰勒问我。我回答说我没有。他靠在椅背上，似乎有点疑惑。最后，他说：

"我想，我来做你的导师，也未尝不可吧。"

第二天，我被传唤到院长办公室。这一次，院长用热情的微笑迎接我，并说："你应该告诉我，艾略特·斯泰勒是你的导师啊。"

他给我打电话的时候，学生标准委员会的成员也在场，但我仍然拒绝遵从院长的要求。委员会的看法和院长的差不多，所以情况就是很糟糕。他们给我发了一封信，上面写道：

> 请注意，如果你不执行学生标准委员会要求的处置方案，小组委员会会拒绝推荐你毕业。可能实施的制裁包括但不限于停学或开除。鉴于学生标准委员会提出的问题的严肃性，而且你有可能被医学院开除……建议你先去见见导师艾略特·斯泰勒博士，以确保你了解自己处境的后果。

我坠入了深渊。

但艾略特·斯泰勒站在了我身后。他说："你不应该孤军奋战。"

在随后的几个月里，我坚持自己的立场。我奋力抗争，让院长和学生标准委员会一直感到不快。

"他们是官僚，"斯泰勒博士解释道，"他们只是不明白而已。"虽然20世纪60年代已经过去10年了，但斯泰勒仍然重视，并为那个时期所拥护的个性和创造力而奋斗。

我一直坚信，如果不是斯泰勒博士在幕后支持，我永远不会从医学院毕业，也永远不会成为医生。一天晚上，在我给院长发了一封特别具有挑衅性的信后，艾略特·斯泰勒打电话到我家。他试图扑灭由我的固执所引发的熊熊大火。他要求我在没有和他商量的情况下，不要再给院长写信。他在电话里跟我说，我工作努力，已获得了医学博士学位。

"学位并不重要，"我说，"我来这里是为了接受医学教育，而我已经得到了。"

大约就在那个时候，我听到他的妻子贝蒂在说：“让他去征求下他妈妈的意见！”

“嘘！”艾略特说，“这是他的决定。”

除了艾略特，我似乎没有什么盟友。我经常在情况不妙的时候去找他。达成和解的那天，我正好在他的办公室。电话铃响的时候，我们正在交谈。沉默地听了一两分钟后，艾略特终于对打电话的人说：“紧急情况已解除。”事后，我向艾略特表示感谢，感谢他的关心，感谢他没有和院长办公室联手。

他说：“我想，是我使事情变得更公平了一点。”

几年后，我登上了一辆进城的无轨电车，在一位衣着光鲜的女士旁边找了个空位坐下。几分钟后，她转向我：“你是罗伯特·兰札，对吗？”“是的，”我说，“怎么了？”这位女士回答说，她曾在院长办公室工作过，她清楚地记得那天我和院长吵架的情形。她告诉我，当时所有的办公室工作人员都站在门外听着，我与院长唇枪舌剑时，他们都在默默地为我欢呼叫好。

我编纂的书《医学与世界卫生发展》（*Medical Science and the Advancement of World Health*）于 1985 年出版。致谢是这样写的：“献给艾略特·斯泰勒——因为他的善良、美德和开明的人生，以及在宾夕法尼亚大学创建大学学者项目的勇气和洞察力给我带来了灵感。大学学者项目在教育系统中引入了培养创造力和个人成长的变革。如果后代要成功应对威胁人类生存的挑战，这些变革是必不可少的。”

如果我讲述这段经历的语气显得比较超脱的话，那是因为这是在向艾略特·斯泰勒致敬。他曾告诉我：“让事实说话。”艾略特·斯泰勒——我的导师，有史以来最伟大的生理心理学家之一，也可以说是我见过的最体面的人，于 1993 年与世长辞。

我想念他。毕业多年后，我在走廊里遇到了那位曾与我吵架的院长。他握了握我的手说：“以一个人对另一个人的身份。”显然，是指那天我在他办公室对他说的同样的话。然后，他就我毕业以来所取得的一切成就向我表示祝贺。我想，看到这一切，艾略特·斯泰勒会非常高兴。

《谁找到了薛定谔的猫？》

[美] 亚当·贝克尔　著

杨文捷　译

定价：65.00 元

爱因斯坦与玻尔的世纪交锋
第二次量子革命的原爆点

自诞生以来，量子物理一直让大众甚至物理学家都困惑不已，"薛定谔的猫"这一思想实验曾被用来检验量子理论隐含的不确定性。可正是薛定谔的这只猫，如梦魇一般让物理学家不得安宁。于是，爱因斯坦、玻尔、薛定谔、海森堡、贝尔、玻姆、费曼、埃弗里特等闻名遐迩的物理学家一次又一次论证、实验和碰撞，拼攒出不断完善的量子物理学。

《谁找到了薛定谔的猫？》是关于这些物理学家思想论战的扣人心弦的故事，更是他们敢于探索未知、追寻真理的故事。贝克尔用生动的语言，讲述了这些物理学家的思想和人生如何像量子般"纠缠"在一起，勾勒出量子物理学波澜壮阔的百年探索史。

不断发展的量子物理学，给人类社会带来巨大改变。第一次量子革命为人类带来了晶体管和激光，塑造了今日的信息社会；如今，量子计算机、量子卫星逐渐成为现实，量子信息技术引爆第二次量子革命，新的量子信息时代正在到来……

**READING
YOUR LIFE**

人与知识的美好链接

20 年来，中资海派陪伴数百万读者在阅读中收获更好的事业、更多的财富、更美满的生活和更和谐的人际关系，拓展读者的视界，见证读者的成长和进步。现在，我们可以通过电子书（微信读书、掌阅、今日头条、得到、当当云阅读、Kindle 等平台），有声书（喜马拉雅等平台），视频解读和线上线下读书会等更多方式，满足不同场景的读者体验。

关注微信公众号"**海派阅读**"，随时了解更多更全的图书及活动资讯，获取更多优惠惊喜。你还可以将阅读需求和建议告诉我们，认识更多志同道合的书友。让派酱陪伴读者们一起成长。

⚞ 微信搜一搜　　🔍 海 派 阅 读

了解更多图书资讯，请扫描封底下方二维码，加入"中资书院"。

也可以通过以下方式与我们取得联系：

📱 采购热线：18926056206 / 18926056062　　📞 服务热线：0755-25970306

✉ 投稿请至：szmiss@126.com　　🌐 新浪微博：中资海派图书

更 多 精 彩 请 访 问 中 资 海 派 官 网　　(**www.hpbook.com.cn** ❯)